环境经济学

主 编 王 菊
副主编 房春生 潘奕陶

科学出版社
北京

内 容 简 介

本书是编者根据多年的教学和科研实践，为更好地满足理工科环境科学专业环境经济学课程教学的需要编写而成。

本书主要内容包括环境经济学的产生与发展、研究对象、学科特点及主要发展趋势，市场机制与环境问题，经济活动的关系和经济本质分析，环境管理中经济学理论的应用和实践及风险管理中的经济学分析。

本书可作为高等学校环境科学及相关专业的本科生教材，也可供环境保护和经济专业的相关人员参阅。

图书在版编目（CIP）数据

环境经济学 / 王菊主编. —北京：科学出版社，2022.8
ISBN 978-7-03-071632-3

Ⅰ. ①环… Ⅱ. ①王… Ⅲ. ①环境经济学 Ⅳ. ①X196

中国版本图书馆 CIP 数据核字（2022）第 030662 号

责任编辑：赵晓霞 / 责任校对：杨　赛
责任印制：张　伟 / 封面设计：陈　敬

科 学 出 版 社 出版
北京东黄城根北街 16 号
邮政编码：100717
http://www.sciencep.com

北京中石油彩色印刷有限责任公司 印刷
科学出版社发行　各地新华书店经销

*

2022 年 8 月第　一　版　　开本：787×1092　1/16
2023 年 6 月第二次印刷　　印张：9 1/2
字数：210 000

定价：58.00 元
（如有印装质量问题，我社负责调换）

前　　言

　　环境问题是当前人类社会面临的重大挑战之一。传统的工业化道路与经济增长模式造成一系列极其严重的后果：资源耗竭、能源紧张、环境污染、生物多样性减少、全球气候变暖……如果不能将环境与人类经济活动相互协调，环境问题最终将制约经济发展，甚至危及人类的生存，保护环境就是保护人类自己。环境经济学作为一门新兴的边缘学科，就是要探索在可持续发展中如何实现环境与人类经济活动的相互协调，为实现环境与经济的"双赢"提供理论基础与实践指导。

　　本书包括四部分内容：第一部分简述了经济学和环境经济学的基础知识；第二部分介绍了市场机制中环境问题的稀缺性和市场失灵等现象；第三部分从市场价值评估、环境经济评价、环境污染管制和可持续利用自然资源等方面阐述环境管理中经济学理论的应用和实践；第四部分进一步阐述环境经济决策中的风险和不确定性，以及对可持续发展的经济分析。书中的专题是对正文内容的进一步解释和拓展，包括实例分析和发展性讨论。此外，各章还编写了总结和思考，以方便学生梳理知识点。本书旨在激发学生对环境经济学的兴趣，并能对环境经济系统进行专业性思考。

　　本书由王菊负责第一和第二部分的编写工作，房春生和潘奕陶负责第三和第四部分的编写工作。最后，由王菊负责全书统稿。

　　感谢吉林大学教务处及其评审委员会的专家前辈对本书的资助和肯定！感谢陈英姿师妹，本书参考了她编写的"环境经济学"讲义。感谢顾晶雯和姜乃元同学，本书第一章和第八章中两个案例参考了他们的作业。感谢我的家人，特别是我的女儿房雪晴，她在攻读化学研究方向的硕士学位期间阅读了本书的大部分专题，并提供了很多宝贵的意见和建议。科学出版社的编辑为本书的出版付出了辛勤劳动，在此表示衷心的感谢！

　　由于我们水平有限，书中不足之处在所难免，敬请读者批评指正，以便今后再版时继续完善，不断提高质量。

王　菊

2021 年 10 月

目　录

前言

第一部分　导　　论

第一章　绪论 ……………………………………………………………… 3
　　思考题 …………………………………………………………………… 9
第二章　微观经济学基础 ………………………………………………… 10
　　第一节　市场机制 ……………………………………………………… 10
　　第二节　消费 …………………………………………………………… 13
　　第三节　生产 …………………………………………………………… 14
　　第四节　效率和竞争 …………………………………………………… 15
　　第五节　市场失灵和政府干预 ………………………………………… 17
　　思考题 …………………………………………………………………… 19
参考文献 …………………………………………………………………… 20

第二部分　市场机制与环境问题

第三章　自然资源的稀缺性和生态环境质量评价 ……………………… 23
　　第一节　自然资源的稀缺性 …………………………………………… 23
　　第二节　生态环境质量评价 …………………………………………… 29
　　思考题 …………………………………………………………………… 32
第四章　环境问题的市场失灵 …………………………………………… 33
　　第一节　公共物品和环境物品的市场缺位 …………………………… 33
　　第二节　产权制度下的交易困难 ……………………………………… 36
　　第三节　市场机制的外部性 …………………………………………… 38
　　第四节　行动方案选择中对长期环境影响的忽视 …………………… 44
　　思考题 …………………………………………………………………… 48
参考文献 …………………………………………………………………… 49

第三部分　环境管理中的经济学

第五章　衡量环境物品的需求：价值评估 ……………………………… 53
　　第一节　环境物品的需求 ……………………………………………… 53
　　第二节　显示性偏好的非市场估值方法 ……………………………… 58
　　第三节　陈述性偏好的条件价值评价法 ……………………………… 67

第四节　价值评估技术的评价与应用 ·· 73
　思考题 ·· 75

第六章　环境经济评价 ·· 76
　第一节　环境经济评价概述 ·· 76
　第二节　环境经济评价方法 ·· 78
　思考题 ·· 82

第七章　环境污染管制 ·· 83
　第一节　环境污染的政府干预 ·· 83
　第二节　环境经济政策 ·· 86
　第三节　调节市场型经济手段 ·· 92
　第四节　建立市场型经济手段 ·· 97
　第五节　不完全信息下的环境污染管制 ····································· 101
　思考题 ··· 105

第八章　自然资源的可持续利用 ·· 106
　第一节　可耗竭资源的跨期利用与管理 ····································· 106
　第二节　可再生资源的可持续利用 ··· 112
　第三节　舒适性资源的可持续利用 ··· 119
　思考题 ··· 121

参考文献 ··· 122

第四部分　风险、不确定性与可持续发展

第九章　环境经济决策中的风险与不确定性 ···································· 125
　第一节　环境风险与不确定性 ·· 125
　第二节　责任管制 ··· 128
　第三节　环境保险 ··· 132
　思考题 ··· 134

第十章　环境与发展的可持续性 ·· 135
　第一节　环境保护与经济增长 ·· 135
　第二节　环境经济学中的可持续性 ··· 138
　思考题 ··· 142

参考文献 ··· 143

第一部分　导　　论

　　环境经济学是 20 世纪 60 年代由环境科学与经济科学相互融合而形成的交叉科学，是运用经济学的基本理论和分析方法来探讨环境问题的成因、性质特点及其在经济领域中的解决方法，是理论性和应用性均较强的专门经济科学。为此，学生在进行本课程学习之前，需要了解该学科的产生和发展、研究对象和研究内容、有效的学习方法及本课程涉及的部分基础微观经济学理论。

第一章　绪　论

随着科学技术和市场机制的发展，人类获得了巨大的舒适度和福利，同时也对生态环境产生了越来越大的影响，这种影响开始反噬人类自身，因此人们不得不开始认真对待环境和自然资源问题。当科学技术的应用和发展方式、市场机制的自主运行方式等都受到了挑战，环境经济学这一学科便应运而生。

一、环境问题

显然，环境问题是一个现代问题。在第一次工业革命之前，由于生产力水平并不发达，人类只是小范围局部性地对生态环境产生影响，一旦改变自身的活动方式，这种影响就完全或部分地被消除。例如，古代牧民采取的游牧生活方式就是对草场的可持续利用。定居式的农耕文明虽然对环境影响较大，但基本仍在可恢复范围内。只要有足够的时间，自然界就可以消解当时人类活动产生的废物、恢复资源本来的状态。当然，由于自然环境条件的限制，也存在着类似复活节岛的个案，即资源在封闭范围内被落后的生产力消耗殆尽而导致无法延续和发展人类文明。

经过三次工业革命之后，生产力和科学技术水平均得到快速发展。发达的科学技术和生产力水平、快速增长的人口数量、高密度的生活方式以及高效率的社会运行体系被认为是环境问题日益严重的主要根源。现代社会经济体系为人们提供了极为丰富的物质条件，在这些物质的生产和消费过程中，一些对环境无用甚至有害的物质作为副产品被同时生产出来，它们可能是人工合成的，如塑料、合成橡胶等，自然界对此的消解能力无法与人为的巨大产出量相匹配。当然，自然界最终可以通过物质、能量的循环流动，甚至是生物物种的变异和进化来适应变化，但人类不得不关心环境问题，这是因为人类并不希望自己是变异和进化过程中被灭绝的物种。

现代人类面临的环境问题通常可分为五大类，即资源紧缺、环境污染、生态破坏、气候变化与自然灾害，这些环境问题直接或间接地影响着人们的生活和生产活动，其中影响最大的是污染问题。大气、水、土壤、噪声和辐射污染都会给个体带来直接的不适感和健康威胁。根据生态环境部发布的《2017中国生态环境状况公报》，2017年城市（338个地级及以上城市）环境空气质量超标率为 70.7%，地表水（全国 1940 个水质断面）Ⅳ、Ⅴ类和劣Ⅴ类水质断面占比 32.1%，需要重点关注和保护的高等植物占评估物种总数的 29.3%，需要重点关注和保护的脊椎动物占评估物种总数的 56.7%。

二、环境问题与经济活动

今天人们的生活大多高度依赖发达的市场经济，人们从市场中获取商品和服务，同时作为市场中的一员通过进行生产或其他活动来获取收益。为提高生产和消费效率，市场形成了精细的社会分工，大多数人从事的都不是与个体生存直接相关的活动，即使与之有关，也可能只是相关产业链上的一环。例如，当人们从一个路边小摊的摊主手中购买土豆丝卷饼时，他制作食物所需的食材、锅灶、煤气或电等用品和能源都由市场相关产业中的其他人提供。

一方面人们不想放弃甚至追求更好的商品和更舒适的服务；另一方面则由于环境问题影响的程度和范围持续扩大，人们的生活质量受到了影响，甚至人类的健康和生存受到威胁。为此，人类不得不达成共识，约束、改变行为方式和活动水平，其中关联最紧密的无疑是与人们生活息息相关的各种经济活动。

在现代社会，无论是发达国家还是发展中国家，环境保护都被视为生活质量和公共政策的重要问题之一，其影响已深入经济生活的方方面面。企业的运营者和管理者会受到政府制定的环境保护政策和机制的限制与管理，一旦违反或引发不良后果，会面临批评、罚款、停业等处罚，如果造成严重后果，其相关人员可能还会受到刑事处罚。对于普通民众，除感受到直接的环境污染和生态破坏产生的健康、景观、生活舒适度等方面的不适外，自来水费由于加入了水资源费和污水处理费而有所上涨、在重污染天气时被限制个人交通工具的使用、丢弃的生活垃圾必须经过分类后定时定点地投入对应的垃圾箱等也直接增加了生活成本，被动改变人们的生产生活方式或是占用了更多的休闲时间……总之，无论是能源或商品的生产和消费，还是出行的交通工具、游玩的对象和方式等，都在社会对环境问题的关注和行动中进行着相应的调整。

这经常引发广泛的讨论和质疑：社会在什么污染或环境质量水平上能达成共识？今天我们为环境保护付出的经济成本或代价水平合理吗？有没有过高或过低？政府采取的环境保护政策和措施是否有效？企业、个人等在排污或消费时是否有更低的成本方式？……当这些环境问题具有较强的社会属性，即影响范围相对较大时，个体排污者和消费者往往无法独立承担经济压力，而社会管理者此时更紧迫的财政困境则是治理污染的资金从哪里来，如何决策可将有限的资金用于有效率的对策……

人们对环境问题的重视程度与收入水平之间的关系也受到越来越多的关注。当收入较高的人群消费更多的物质和能量时，就需要更多的资源支持，造成更多的污染，同时他们对环境质量的要求也相对较高。在为衣食住行等基本生活需要忙碌奔波的人眼里，优良的环境质量可能还是在取得温饱生活之外的相对遥远的目标。与其他经济政策类似，政府制定的环境政策在执行中对收入水平不同的人群通常也有区分，在发展中国家，很多环境政策对待贫困家庭也是有所区别，如在我国各地普遍实施的居民用生活用水阶梯式计量水价收费（污水处理费和水资源费已占到总水价的 10%～30%）方式中，均对贫困家庭采取了优惠、补贴或先交费后退补的政策，有些地区对贫困家庭收取的水费价格甚至低于第一级阶梯价格水平。

无疑，环境保护问题不只是单纯的科学技术问题，还是很重要的经济议题。经济活动对环境的影响，环境对经济活动的重要性，管制经济活动中有关环境影响的正确途径，协调环境、经济以及其他社会目标之间的平衡都需要经济学，于是解决环境保护问题时所采用的经济类的理论和技术手段就成为环境经济学这门学科的主要研究内容之一。

三、环境经济学的产生与发展

环境经济学作为一门学科，在现代社会中的产生和发展可以总结为 3 个阶段。

最早的奠基工作开始于 20 世纪 50 年代末和 60 年代初，在这一时期，1952 年成立的"未来资源研究所"贡献良多，该研究所的高级研究员克鲁蒂拉、克尼斯教授在自然资源经济学、水污染经济学领域的工作被认为是本学科的开拓性奠基工作。

随后环境经济学兴起并繁荣发展，经济理论和模型在这一时期被更广泛和深入地用于对环境与资源问题的研究和讨论。外部性理论、产权理论被应用于环境问题产生的经济原因的探讨，太空船地球模型、物质均衡模型、系统动力学模型等被用于相关环境资源问题的分析。1972 年在斯德哥尔摩召开的联合国人类环境会议是世界各国对环境问题达成共识的标志，在此会议后，联合国成立了环境规划署，各国也纷纷成立了专门的部门和机构管理环境问题，环境经济学进入了参与社会管理的实践阶段。

进入 20 世纪 90 年代后，环境经济学的研究成果在公共环境管理政策中的应用已被广泛接受并成为常态，对经济活动的影响尤其重大。目前，环境和生态影响评价在对环境有重大影响的公共项目或私人项目的决策中影响力越来越大、排污收税（费）和可交易的排污许可证制度已成为解决污染问题的最主要的经济措施。在全球性环境问题的解决过程中，以及国家之间强制约束力缺乏的大前景下，有利于降低污染物减排成本的市场化经济管控方式已成为国际协议的有力补充。我国最早的环境管理机构为 1974 年成立的国务院环境保护领导小组，经过 40 多年的发展，目前环境管理已成为各级政府机构的主要职能之一，影响着社会、经济、生活的方方面面。

四、环境经济学、生态经济学和资源经济学

环境经济学作为环境科学与经济学的交叉学科，其产生和发展一直与这两个学科紧密相关，但与经济学的联系更为紧密。经济学产生和发展的历史更久，发展更充分，其基础理论体系庞大，与很多其他学科和部门结合又形成了复杂的学科分支和研究领域，环境经济学也是其中的分支学科之一。在经济学科中，环境经济学属于应用经济学领域，它涉及大量经济学的基础理论和其他经济学分支中已经发展起来的概念、理论模型和对策体系，但基于环境问题的特殊性，本学科也产生了诸如环境经济价值评估体系等特有的理论和方法。反过来，这些理论和方法在其他分支学科的潜在用途也正逐步被发掘。

生态经济学发源于系统生态学，是生态学家将其研究领域拓展到社会和经济的一门分支学科，其理论研究重点是生态系统的长期健康，对自然、公正和时间的关注构成了生态经济学的三个典型特征。虽然近年来两个学科之间对具体的环境问题达成的共识越来越多，界限也越来越模糊，但在面对长期性的环境问题时，基本差别还是很显著的。生态经济学家认为产生长期环境危害问题的行动是不可取的，如核废料储存潜在危害可能超过上万年，那么现在的消费者获取核能的行为就是不可取的，进而有些生态经济学家认为推广到一般情况，经济增长是不可取的。显然，经济学的大部分理论方法和对策手段都是为促进经济增长而努力，由此为内核发展而来的环境经济学必然也是在预期经

济增长的出发点上进行研究和讨论，这是这两个学科的根本分歧所在。

资源经济学的研究对象相当明确，它重点从环境保护和可持续发展的角度关注可再生资源和不可再生资源的加工和使用，如森林资源、矿产资源、能源和自然风景类的舒适性资源等。资源经济学与环境经济学的联系最为紧密，很多高等教育中的教学工作都把这两个学科融合在一起。但环境经济学关注的范围和领域更广泛：环境经济学首先关注的是普遍的市场失灵问题，研究重点是市场机制无法自发解决的情况下会越来越严重的环境问题，如污染物的过量产生、自然资源的不充分保护或滥用等，当然也包括环境资源的相关问题。

如果环境或资源的不充分保护和滥用已影响生物的生存和繁衍、人类经济活动对其的生产和使用，那么这三个学科的研究内容是重叠和交叉的，如渔业资源管理中的过度捕捞和水环境污染问题，这是典型的市场失灵问题，同时也涉及海洋、河流或湖泊生态系统的稳定存续、渔业资源的生产和使用，这也是生态经济学和资源经济学的研究内容。无论这三个学科的理论体系、研究方法、发展趋势的差异如何明确，最终落实到指导人们的社会实践时，其目标都是一致的，即解决环境问题、更好地实现社会发展和进步。

五、环境经济学的研究对象和学科特点

环境经济学是通过研究环境系统与经济系统的相互作用而形成的环境-经济复合系统运行规律的一门学科。图 1-1 为经济系统与环境系统的耦合关系图，其中经济系统存在于人类的社会生活中，其社会再生产过程可以简化为以人为核心的生产、交换、分配和消费四大环节。在人类的经济系统中，生产环节需要从自然系统获取基础的物质和能量作为生产原料，而在生产、交换、分配、消费过程中都会产生一定的废弃物质和能量并排放到环境系统中。即环境系统作为自然系统，为人类经济系统提供支持和消纳污染物的基本功能。

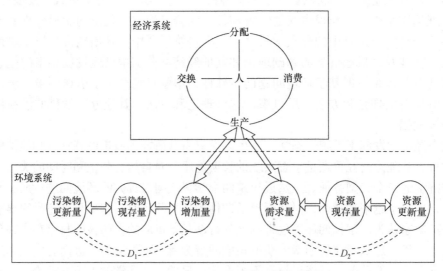

图 1-1　经济系统与环境系统的耦合关系图

在经济发展的过程中环境系统起到了重要的支持作用，同时产生制约或促进作用，区域经济发展模式和特色在人类需求和技术发展驱动下，通常会相当程度地反映当地的资源状况。例如，沙特阿拉伯多年来的世界石油储量和产量均排在世界前列，出售石油的收入占地区生产总值的 40%以上；而南亚印度洋上的岛国马尔代夫，资源贫乏，传统经济中的主导产业为渔业，但随着人类社会富裕程度的上升，以世界上最大的珊瑚岛为基础的海岛风景旅游资源成为新的经济支柱产业，旅游业收入对 GDP 贡献率多年保持在30%左右。有些国家或地区表面上对资源的依赖程度并不高，如以色列 60%的国土被沙漠覆盖，整体土质偏沙化，极度缺乏水资源，其农业发展完全得益于高度发达的水资源利用技术和农业生产技术，不但农业产出自给自足，而且成为欧洲主要的冬季蔬菜进口基地。

反过来，经济发展对环境的演变又产生相当程度的影响。人类为了发展经济而进行大量人工工程建设，占用土地、排放过量的废弃物，甚至改变自然生态环境。在 1980年与 2010 年太湖流域土地利用类型变化的遥感数据解译分析结果（图 1-2）展示中，工业发展和城镇化进程导致建设用地面积增加了 15.46%，耕地面积则降低了 16.87%。同时该流域的废弃物排放量也在增加，其中总氮和总磷总量分别增加了 67.51%和157.58%，排放量的增加与人口增加导致的城镇化进程、工业发展加快，农业生产方式的变化及生产和生活中垃圾排放、处理方式密切相关。

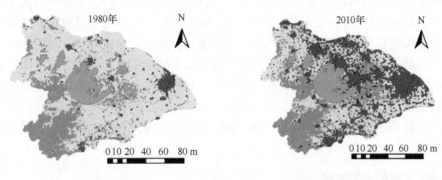

图 1-2 1980 年与 2010 年太湖流域土地利用类型对比

太湖是我国的第三大淡水湖，位于长江三角洲的核心区域，行政区划包括江苏省苏南大部分地区，浙江省嘉兴市、湖州市以及杭州市一部分，上海市的大部分区域，流域面积 3.69 万 km²。地貌以平原为主，主要分布在太湖流域北、东和南部，占流域面积的 80%。资料来源：田甲鸣，王延华，叶春，等. 太湖流域土地利用方式演变及其对水体氮磷负荷的影响. 南京师范大学学报（自然科学版），2020，43（2）：63-69

专题 1 对未来的担心——人类会灭绝吗？

20 世纪八九十年代，"对未来的担忧"由罗马俱乐部科学家团体提出并受到了全世界普遍的重视。气候学家推测，如果各国政府不能果断地采取行动来应对全球变暖，那么在几十年内，可能最早在 2035 年，气候问题将不可逆转。气候问题目前被认为是对人类未来最大的威胁，这是一个复杂的全球性问题，国家间成本和利益的博弈、对科学研究结论的准确性的怀疑是目前难以达成一致行动的最大障碍，人类可能面临着对环境问题反馈不足或不及时的巨大挑战。

经济学家则较为乐观。在长期对经济系统的观察和研究分析过程中，多数经济学家认为人类社会一旦认识到问题就会做出适当的反馈，市场机制中商品的供给和需求规律就是很好的例子。现代，发达国家的污染问题已基本得到治理。众多发展中国家从中借鉴了很多经验和教训，尝试采取对应的措施和管理对策来规避、缓解和消除环境问题的影响。

综上，当环境经济学将环境经济系统作为学科的研究对象时，就成为自然科学中环境科学与社会科学中的经济学的交叉学科，既兼具这两个学科的特点又有自身的独特性。首先是综合性特点，由于环境问题涉及自然科学、技术、政治、经济、社会等各方面，因此环境经济学除了与经济学、环境科学有直接关系外，还与地学、生物学、物理学、化学、工程设计与技术科学等自然科学，社会学、法学、政治学、管理科学等许多社会科学在内容和研究领域上有关联。其次是应用性特点，环境经济学是为了解决经济发展与环境保护之间矛盾而产生的一门学科，这门学科的重要作用在于运用经济学、环境科学以及其他科学的理论和方法来解决实际环境问题，研究如何协调经济发展与环境保护之间的关系。它要解决的主要课题是经济活动的环境效应，并使这种效应转化为经济信息反馈到国民经济平衡和核算中去，为正确制定经济社会发展战略和各项经济政策、环境政策提供依据，为解决环境问题选择可行的方案提供依据，所以它是一门应用性极强的学科。最后是发展性特点。最近几十年里，环境经济学在制定环境政策和区域发展规划、评价开发建设项目等领域发挥的作用日趋重要。经济手段在环境管理中的应用和评价环境与自然资源的经济价值逐渐成为环境与资源经济学的主要发展方向。随着全球市场经济的发展，能够产生经济激励或经济动力的政策和措施被认为是最有效率的管理环境问题的手段和方法之一。这些政策和措施在发达国家已获得成功，但全面移植到发展中国家却可能遭遇水土不服，所以不断的创新和发展是保证环境经济学得以成功应用的重点和要点。

六、环境经济学的学习方法

对任何学科的学习，兴趣都是最好的老师。不管身在什么学院，学生们都很容易对与自身生活联系紧密的经济学基础知识产生兴趣，毫不夸张地说，对经济学的学习将使个人终身受益。环境经济学的研究内容对环境科学专业学生来讲是比较独特的，学习目标是帮助学生理解如何将经济分析更加直接有效地运用于环境保护中，以实现我们期待的环境质量水平和资源可持续利用的目标。多数情况下，学生对于经济学普遍问题的思考和认知比环境经济学问题更加深入。例如，在课程范围内学生提问更多的是这一类问题：现在社会上的污染物排放量是否合理？为什么不能严格做到零排放？为什么一项污染物治理新技术的处理效果远胜于目前市场中流行的治理技术，但替代起来却非常困难，在早期可能无人问津甚至受到阻碍？个别地方管理者为什么会对违反法规的污染行为有意放纵？环境管理政策下社会付出的成本到底是多大？……此外，还有一些和自身有关的问题，如市场中的环境专业就业岗位为什么相对较少？当环境管理趋于严格时，环境专业毕业生的就业率是不是就随之提高了？……总之，在专业课业压力较为繁重的情况下，这门课程为学生开启了直视现实经济社会的一个窗口，甚至对很多学生来说这是首次以课堂学习的方式对经济和社会进行系统思考。

关于具体的学习方法，学生在预习、收集资料、基础理论和方法的学习过程中，思考和讨论是绝对必要的。当经济学利用模型来阐述复杂问题时，细节的简化会使主要因素、关系和结论变得较为直观易懂，但需要认识到经济学模型作为抽象工具，结论的得出与假设条件和模型结构的设计的影响巨大，改变模型的条件、参数和结构就可能得出差别很大的结论。因此，需要认识到这门学科和自然科学的最主要区别是它并不能经常给出最有效的方案和对策，需要在实践中不断验证结果和修正方法途径等。在相关理论和模型的学习过程中，模型推导部分可能相对比较容易理解，因此学习重点要集中于假设条件和边界条件，以避免刻板的学习和结论的滥用。

总之，自然科学技术人员，包括物理学家、化学学家、技术工程师等的角色非常重要，科学的发展和技术的推进对环境问题的解决起关键性的作用，但在社会短期发展中其作用会被现实削弱。一方面，技术的发展和突破需要自然科学家长期努力，并不是在发现问题的同时科技解决方案就随之产生，应一时之急的行动方案的出台需要多方的协调和平衡；另一方面，即使已有技术性的解决方案，其在社会上的推广和应用仍然需要经济学家、管理专家及政治家的帮助，其中环境经济学家的地位和作用将越来越重要。在环境问题对人类甚至全球的普遍影响之下，我们希望每一位学习者都能具有实施环境保护个人行为、遵从甚至制定环境管理对策所需的环境经济学方面的基础知识、方法及观察力和理解力，这不仅将对个人产生影响，甚至可能会影响地区、国家、全球或人类的未来。

思 考 题

1. 现代人类社会面临的环境问题主要有哪些？
2. 环境问题在经济领域产生了哪些影响？
3. 环境经济学、资源经济学、生态经济学等学科存在着哪些联系？又有什么区别？
4. 环境系统和经济系统是怎样相互作用、相互影响的？
5. 环境经济学作为采用经济学的理论和技术方法对环境经济系统进行研究的学科，你认为它最重要的特点是什么？你在学习过程中将采用的最主要的学习方法是什么？
6. 列出一个你最想在本课程学习过程中得到解答的5个以上的问题清单。
7. 你认为人类会由于破坏生态环境而最终自取灭亡吗？为什么？请记住你现在的结论，课程结束后再来思考这个问题，如果有修正，请总结你的看法是怎样发生变化的。

第二章　微观经济学基础

现代社会被一个无所不在的经济系统所包围，人们的多数行为都与经济活动相关。现代经济活动的目的、形式、手段丰富多样，但最常见的经济活动仍然是通过市场机制实现的买和卖的交易活动。人们在市场中从事交易活动，交换所需的物质、服务和能源，维持生命、享受舒适生活及满足其他需求。市场中的交易活动可以确定生产和消费的商品和服务的数量，进而决定了人类社会系统会消耗的资源、能源及产生废弃物的种类和数量。为此，微观经济学所揭示的基本市场运行规律就成为环境经济学的理论基础。

第一节　市　场　机　制

现代人类的生活基本上已无法脱离市场，个人所需的几乎所有用品和服务都是在市场中获得的。市场中的人群基本被分为买方和卖方。买方包括购买物品和服务的消费者，购买和租赁土地、劳动力、资金和原材料以用于商品生产和提供服务的生产者；卖方包括出售商品和服务的厂商、提供劳动力的求职者以及向厂商出租资金、土地或出售原材料的生产资料拥有者。在不同的交易活动中同一主体人经常变换买方和卖方的角色。

交易活动是以货币为中介在买方和卖方之间对商品、服务的交换活动，而交易活动的核心则是物品或服务的价格。价格通常是波动的，由买卖双方的行为共同决定。因此，市场经常被直观地看作决定一种或一系列产品价格的买卖双方的集合，或确定价格的"地点"。市场常以多种形式存在，除综合性商场及细化分类的农产品市场、服装市场、房地产市场、劳动力市场等的实体市场外，随着经济、社会和科技的发展，证券、期货等金融市场及网络市场在人们的交易活动中也越来越常见。只要在价格上买卖双方达成协议，交易活动就可以通过多种灵活的方式进行。

由于地域交通、历史文化及政治等因素的影响，一个特定的市场包含买者和卖者的数量通常是确定的，这被视作市场范围。有多少买者和卖者能在这个市场中交易，决定着一个市场的规模和活跃程度。市场从空间上可吸引人群的距离不断加大，网络虚拟市场平台可以提供一个最大地理半径的市场。同时，其他一些因素也影响着市场的界定。例如，代购国外特色产品的代购交易也有效地扩大了市场范围。

市场的运行状态通常是自发而有序的，其内在的逻辑关系和动力被认为产生于人们的自利动机，对其运行规律最直观的描述在于需求、供给和市场均衡。

一、需求

需求量是消费者在某一特定时期内，在某一价格水平上愿意并且能够购买的商品或劳务数量。一般来说，随着价格的下降，原来一直购买该商品的消费者可能消费更多的数量或原来可能没有能力购买这种商品的消费者开始有能力去购买；而随着价格的上升，消费者可能去寻找替代品或买不起这种商品。需求规律就是价格变化引起的需求量的变化规律，在图 2-1（a）中表现为一条向右下方倾斜的曲线。需求量还可能受到其他因素的影响，如收入、市场规模、相关物品价格及其可获得性、偏好和其他特殊因素等。这些影响因素即在图 2-1（b）中显现出需求曲线整体移动的结果。

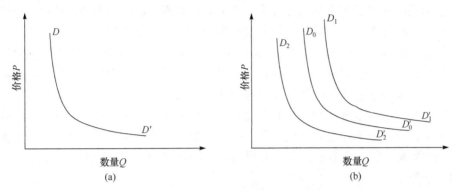

图 2-1　需求规律及需求曲线的移动

（b）表示需求曲线的整体移动。例如，当收入增加时，同样的市场价格下，购买的商品或服务数量会增加，即曲线 D_0D_0' 右移为曲线 D_1D_1'，而当收入减少时，同样的市场价格下，购买的商品或服务数量会减少，即曲线 D_0D_0' 左移为曲线 D_2D_2'

对于市场中大多数的商品或服务，在个体消费者相互独立的假设下，市场总体需求量为个人需求量的算术加和。通常情况下，市场规模越大，其总需求量就可能越大。

二、供给

供给量是生产者在某一特定时期内，在某一价格水平上愿意并且能够供应的商品量。与需求不同，产生需求量的原因可能有很多，而大多数产品或服务供给的目的通常是获得利益（润）。所以供给曲线一般超过 0 的价格时才开始存在供给量，低于这个价格时，基本没有生产者愿意提供该商品或服务。而价格越高，则意味着利润越大，因此供给规律通常表现为一条向右上方倾斜的曲线，如图 2-2（a）所示。只要某些条件变化对生产成本和利润产生影响，就会成为供给量变动的影响因素，如投入品价格、技术进步、相关物品价格和政府政策及其他特殊因素等。这些因素都可能导致供给曲线整体移动，即

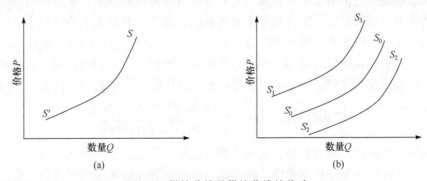

图 2-2　供给曲线及供给曲线的移动

（b）表示供给曲线的整体移动。例如，当投入品价格上升时，同样的市场价格下利润增加，生产者会供应更多数量的商品或服务，即曲线 S_0S_0' 右移为曲线 S_2S_2'，而当投入品价格降低时，同样的市场价格下利润减少，生产者会减少商品供应量，即曲线 S_0S_0' 左移为曲线 S_1S_1'

在同样的价格水平下，供给量发生改变，如图 2-2（b）所示。在生产者相互独立的假设条件下，市场总体供给量为各生产者供给量的算术加和。

三、市场均衡

需求和供给分别是买方和卖方行为，两类人群对同一商品或服务在价格上会产生相反的作用。如图 2-3 所示，需求曲线和供给曲线在反向规律作用下产生一个交点，该交点描述的是供给和需求的力量相互作用时均衡的产生，即市场均衡。在市场均衡状态下，价格为均衡价格，交易数量为均衡数量，此时买方的需求量和卖方的供给量都得到了满足。在该点，买方愿意购买的数量正好等于卖方愿意出售的数量。之所以称这一点为均衡，是因为当供求力量平衡时，只要其他条件保持不变，价格就不再波动，并且在均衡价格水平上，市场上不存在短缺或过剩。而在其他市场价格下，供给和需求双方的力量会使价格向均衡价格方向移动。需求和供给的均衡规律被认为是非人为控制下市场自发运行的一般规律。

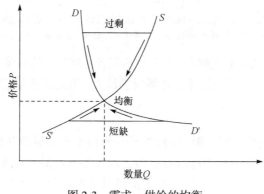

图 2-3　需求、供给的均衡

四、需求和供给的弹性

需求规律显示，在价格变动时，买方和卖方会做相应的行为调整，即需求量或供给量随之增加或减少。价格变动对食品、电力等生活必需品和汽车、旅游产品一类的非必需品的供给量与需求量的影响区别是十分明显的，前者受到的影响通常较小。这些问题可以运用弹性这一概念来分析，弹性是一个变量对另一个变量敏感性的度量。

需求的价格弹性衡量的是当一种商品或服务的价格发生变动时，其需求量相应变动的大小。价格弹性的准确定义是需求量变动的百分比除以价格变动的百分比，即

$$需求的价格弹性(E_D) = \frac{需求量变动的百分比}{价格变动的百分比}$$

不同物品的价格弹性，或对价格变化的敏感程度差别很大。当一种物品的价格弹性很高时，我们称这种物品是"富有弹性"的，这意味着该物品的需求量对价格变动反应比较强烈。当一种物品的价格弹性很低时，我们称这种物品是"缺乏弹性"的，也就是说该物品的需求量对价格变动反应比较微弱。一般来说，需求程度不高（非必需品）、替代

产品选择相对容易、商品使用时间或可替代时期短的商品的相对弹性较高，反之弹性则较低。

供给的价格弹性则用来衡量价格变动的百分比所引起的供给量变动的百分比，即

$$供给的价格弹性(E_\text{S}) = \frac{供给量变动的百分比}{价格变动的百分比}$$

影响供给弹性的根本因素是该行业增加生产量的困难程度。如果所有的投入品很容易在现行市场价格下取得，则价格的微小上升就会导致产出大幅度增加。反之，如果生产能力受到严格限制，供给则是缺乏弹性的。此外，影响供给弹性的另一个重要因素是时间。随着供给者可做出调整的时间的增加，同样的价格变动就会对供给量产生更大的影响。价格上升后的短时期内，企业也许无法增加其劳动、物资和资本等的投入，因此供给很可能缺乏弹性。然而，随着时间的推移，企业可以雇佣更多的工人，建造新的厂房、建设新的生产线，商品供给量也会增加。

第二节　消　费

作为买方的消费者，其消费行为通常是理性的，在可使用的、有限的既定预算下，购买的商品和服务的选择可获得最大程度的满足，即购买商品或服务的品种和数量的多少取决于个人偏好和收入限制。

一个人从消费一种商品或服务中获得的满足程度，或者感觉到的主观享受或有用性称为效用。效用取决于消费者对该物品的主观感受。在经济分析中，效用更多的是用排序方式表达的。如果一个消费者购买两本书比一件外套更高兴的话，我们就说两本书比一件外套效用更大。当然，也可以赋予每个消费行为一个数值，以方便形成效用函数。多消费 1 单位商品时所带来的新增的或额外的效用称为边际效用。当某商品的消费量增加时，消费的总效用是增加的，但边际效用趋于递减，这一规律称为边际效用递减规律。显然，理性的消费者试图使自己的效用最大化，他们不可能一直重复购买同一种商品，即消费者会从可供选择的消费品组合中选择最偏好的组合。在各个组合中，当预算的分配使花在每一种商品上的每一元货币所带来的边际效用相同时，效用最大化得以实现。边际效用相等的原则即为消费中的等边际原则。

边际效用的概念可以解释很多经济现象，如水和钻石的价值悖论。作为维持生命的基本物质，没人会低估水的效用，但现实中人们却以极低的价格在使用，而钻石正相反，多数情况下只是装饰品，对人的生存毫无影响，但价格高昂。表面看物品的货币价格严重偏离实际价值，这是因为水的数量很多，边际效用很低，于是其价格就相对很低。事实上，人们对一种物品的效用评价和支付的实际价格之间存在差额是很常见的。消费者对一定数量的某种商品所愿意付出的最高价格或成本称为支付意愿，不同消费者对同一商品的支付意愿可能会不同。一种物品的总效用与其总市场价值之间的差额称为消费者剩余，其根源就在于递减的边际效用。根据边际效用递减规律，效用评价随着购买数量的增加而降低，最低的效用评价出现在最后 1 单位商品，而前面的各单位都要比最后 1

单位商品具有更高的效用评价。在市场中，我们以相同的价格购买商品时，最后 1 单位的价格才是我们的最低效用评价，前面的每 1 单位的购买中都享受到了更多的效用剩余。显然，支付意愿和消费者剩余更能真实地衡量一种物品对消费者的效用，我们常用需求曲线展示的需求规律来进行消费者剩余的估算。如图 2-4 所示，需求曲线在实际市场价格之上的阴影部分的面积即可以用来衡量消费者剩余。即使某种物品的市场价格为 0，只要可以发现消费者对该物品存在支付意愿，就可以估算出需求函数、画出需求曲线，从而估算出消费者剩余。对于大多数没有市场价格的环境物品来说，这个概念尤为重要。

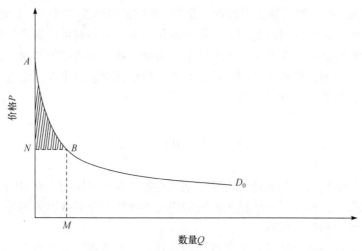

图 2-4　估算消费者剩余

当购买数量为 M、市场价格为 N 时，斜线阴影部分 ANB 的面积为消费者剩余

第三节　生　产

现代经济拥有丰富多彩的生产活动，如农业生产、工业生产、交通运输（客运和货运）以及各类技术性生产和服务。因此，物品或服务的生产者和提供者是组成市场中卖方的主要成员。

现代，几乎所有的生产活动都是由专业化组织，即企业来完成的。企业组织管理生产全过程，包括筹集资金，进行产品生产决策，购买或租用土地、资本、劳动和原料，管理生产过程，产品销售和推广……在专业化企业批量生产的经济性和效率得到全社会认可的情况下，现代企业得到了多种形式的发展，市场上常见的企业类型包括：单人业主制企业、合伙制企业和公司类企业等。现代公司的运行和管理制度相对比较完善，在常见的公司组织形式中，所有权属于那些掌握公司的股份或普通股票的人，而公司的经理和董事会拥有制定公司决策的合法权利，具有资金筹措便利、股东有限责任和生产专业化保证等优点。

生产过程中的投入品以及最终产出之间的关系可用生产函数来描述。假设有 n 种生产要素，其投入量分别为 $X_1, X_2, \cdots, X_n$，最大产出量为 Q 时，其生产函数可表示为

$$Q = f(X_1, X_2, \cdots, X_n)$$

相同的产出量之间可能采用不同的投入品组合比例，这取决于企业可有效运行的特定的技术条件。因此，当技术不断进步时，生产函数也会发生变化。当产出量增加到一定规模时，企业可以将生产过程分得更细，以获得专业化和劳动分工的优势。随着产量的不断增加，边际收益一般是递减的。

在大多数企业以生产目标为利润最大化的动机之下，生产成本成为企业一切行动的核心。企业总成本分为两部分，即固定成本和可变成本。固定成本也称为"固定开销"或"沉没成本"，如厂房和办公室的租金、设备费、债务的利息支付、长期工作人员的薪水等，是无论产量水平如何都必须支付的基础成本。可变成本则随着产出水平的变化而变化，如生产所需要的原料、为生产线配置的工人、进行生产所需要的能源等。平均成本是每个单位产出的成本，即企业总成本除以总产出量。此外，边际成本的概念在生产领域也是最重要的成本概念之一，它表示多生产 1 单位产品而增加的成本。在很多产品的生产中，相对于平均成本，边际成本可能会非常低，常常会影响企业的生产和销售策略。

与消费者剩余类似，生产者在市场中也是以相同的价格在出售自己生产出的商品。商品价格如果已经低于边际成本，那么生产者将无利可图。而在这个价格之前，生产者出售商品都是可以获得"剩余"的。生产者剩余是所有生产单位边际成本和商品对应市场价格差值的和，即图 2-5 中某一生产者供给曲线以上和市场价格以下之间的面积。不同生产者享有生产者剩余的大小取决于他们的生产成本，很显然，生产成本高的生产者享有较低数量的生产者剩余。

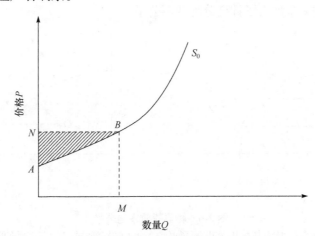

图 2-5　生产者剩余

当购买数量为 M、市场价格为 N 时，斜线阴影部分 ANB 的面积为生产者剩余

第四节　效率和竞争

市场机制的核心之一在于效率。在资源和技术既定的条件下，通常一个经济体在运

行过程中会为消费者最大可能地提供各种物品和服务的组合，而当任何可能的生产资源重组都不使其他人情况变坏的条件下使得至少一个人的福利变好时，就达到了资源高效配置，该效率的概念也称为帕累托效率或帕累托最优。

市场机制中效率提升的主要动力在于竞争。竞争是对抗性活动中战胜对手的心理或行为，在市场众多的买者和卖者中，买者之间、卖者之间或者是在买者和卖者之间竞争关系普遍存在。一般情况下，竞争程度越高，市场在资源配置中就越有效率。在经济学上我们区分完全竞争性市场和非完全竞争性市场时，通常认为，一个完全竞争性的市场拥有足够多规模相对较小的买者和卖者，每一个买者和卖者都无力影响价格，而只是价格的接受者和承担者，即参与者是微不足道的。而市场中的产品具有相同的功能或属性，生产者和消费者对产品价格、质量及自身的偏好、收入、成本、技术等拥有完全的信息，并可自由进退该产品市场。当然，这些条件在大多数市场上不可能真正成立，许多竞争性足够强的市场即可被视为完全竞争性市场。与完全竞争性市场相比，非完全竞争性市场通常具有更高的价格和更少的产量，其资源配置效率也相对较低。

在完全竞争的理想市场条件下，竞争经济可以实现最高的资源配置效率，此时消费者剩余与生产者剩余之和达到最大化，即福利经济学第一和第二定理所描述的：在一个竞争经济中，市场均衡就是帕累托最优；任何帕累托最优状态都可以通过市场力量获得，前提是经济中的资源市场在运行之前要得到正确的配置。当市场偏离均衡状态时，生产者和消费者剩余之和就存在增加的可能，即出现帕累托改进。

能够产生帕累托效率的竞争性均衡并不能保证公平。如图 2-6 所示，当在消费领域进行帕累托改进时，单纯增加某一个人的效用值就可以实现，而其他人的效用水平并没有改变，这可能进一步加大了社会分配的不公平。

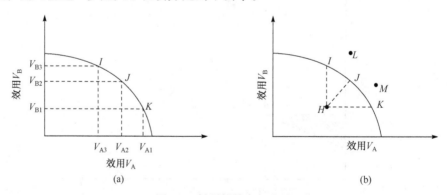

图 2-6　帕累托效率与公平

假设在一个只有 A 和 B 两个人的分配体系中，(a)代表不同分配情景下两人的效用，I、J 与 K 所在的曲线为效用边界线，即两人效用和最大且相等。对照(b)，边界外的点如 L、M 是不可能的分配方案组合，边界内的点如 H 则不是帕累托最优状态，可以在不损害 A 或 B 效用的情况下，单独或同时增加 B 或 A 的效用来进行帕累托改进，即 H 改变到 I、J 或 K。I、J、K 三个分配方案均代表帕累托最优，但显然分配结果有很大区别，而哪一种分配结果是公平的，福利经济学第一定律中并不能进行区分

专题 2　市场机制——看不见的手

消费者会依据个人偏好、收入水平来决定购买食品、日用品、能源、通信、交通、

保健医疗、家政等各种商品或服务，知道自己需要的商品或服务在哪里购买。生产者或售卖者并没有受到管理者或机构的统一调度和指挥，但是市场中的交易活动一直在轻松地而顺畅地进行着。市场本身并不需要人为控制，多数情况下是以它内在的机制维持其健康运行。

多数经济学家认为市场机制是在人们理性原则下运行的，即消费者依据效用最大化的原则进行购买决策，生产者则依据利润最大化原则进行生产和销售决策。市场就在供给和需求之间，在价格的自然变动下引导资源向着最有效率的方向配置。这时的市场就像有一只"看不见的手"，在价格机制、供求机制和竞争机制的相互作用下，推动着生产者和消费者做出各自的决策。

而在现实世界的经济体中，"看不见的手"并不是万能的，其在财富分配、环境问题及其他一些社会问题中的表现是有缺陷的。

第五节　市场失灵和政府干预

市场机制是通过市场价格和供求关系变化，以及经济主体之间的竞争，协调生产与需求之间的联系和生产要素的流动与分配，从而实现资源配置的一套系统。现代经济学认为，市场通常在完全竞争条件下才具有效率，而产生了垄断和其他条件的不完全竞争、环境污染和生态破坏或收入分配不公等情况时就认为出现了市场失灵现象。出现环境问题的市场失灵情况中，常见的政府干预对策会有效地起到改善的作用。

市场机制的表现并不是完美的。例如，当存在环境污染时，单纯依赖市场只会使情况持续恶化，企业在最高利润的目标下很难主动减排污染物，这是由于治理环境污染会增加生产成本，降低了与其他同类企业的竞争力，甚至被市场淘汰。当市场没有按照帕累托最优的方式进行资源配置时，就出现了市场失灵现象。市场失灵时，市场无法有效运作，潜在的帕累托改进活动不会或无法发生。

市场失灵发生的原因多为不完全竞争、外部性和不完全信息。不完全竞争是某个或某些势力集团具有影响市场价格的力量时，就可能产生市场价格高于边际成本以上而无法形成竞争性均衡价格的情况，在高价格下消费者对这种产品的购买会低于均衡数量，消费者总的满意度降低即为不完全竞争产生的低效率后果之一；当生产或消费的某些外在影响未被包含在市场价格中时，就会产生外部性问题；而市场交易中生产者和消费者经常不能了解相关的所有信息甚至是影响生命健康安全的重要信息，此时交易活动的结果通常是不如意的。对于这些影响因素导致的资源配置效率的降低，市场难以自发纠正。

政府为了更好地对社会进行管理及提高政治影响力，均以法律、经济及文化教育等多种手段方式对表现不理想的市场机制进行干预，其中常见的经济手段包括税收、转移支付及其他各种财政金融政策。政府在现代混合经济中要完成的主要经济职能主权有四个方面：为市场经济确立法律框架、影响资源配置以改善经济效率、制定改善收入分配的计划及通过宏观经济政策来稳定经济。政府在对市场失灵进行干预时，预期效果通常要比市场机制自发运行的效果更好，且多数情况下所获得的收益高于实施干预措施所付出的总成本或代价。

需要认识到的是，政府是由人来组成和实施管理行为的。目前大多数政府采取的是集体决策方式，比个人或少数人决策看似更民主和科学，但只要是人为决策，其科学发展的时代局限性、判断失误、利益集团影响及信息的不全面和滞后等问题就会使得政府干预同样可能产生政策失效现象，即没有起到预期的改善市场失灵的效果。

人为判断和决策失误在应对市场失灵时的状况有多种，主要包括：市场处于正常竞争和调节状态时政府进行了干预，此时政府干预成为引发市场失灵的主因之一，或者相反，在市场处于失灵状态时政府没有干预；政府干预时应对的失灵现象是明确的，但改善的同时产生了其他未预估到的外部性影响，有时可能反而比市场失灵时更糟，甚至进一步引发其他问题。同时，在实施管理的过程中体制或执行效率等也可能引发政府干预失效。比较常见的体制原因之一是中央政府和地方政府之间客观存在的国家利益和地方利益之间的目标差别：地方政府可能会姑息本地区个别企业在行政边界超标排放污染物、放松对本地区企业污染物的管控等环保管制以增强其在更广泛地区的引资竞争力等。

总结和思考

人类对自然资源稀缺性的思考和应对可以追溯到古老的年代，但严重的环境问题产生于现代。环境经济学产生于 20 世纪 60 年代，至今还不到 100 年。人类对环境经济学的认知仍处于发展变化中。

市场机制的顺畅运行可以满足人们物质、能源及其他精神方面的需求。在市场机制下，买方和卖方在供给和需求规律共同作用的市场均衡中进行交易活动。作为买方的消费者追求效用最大化，作为卖方的生产者则追求利润最大化。经济体在运行过程中会为消费者最大可能地提供各种物品和服务的组合，以实现总福利最大化的资源配置效率。经济效率在完全竞争的理想市场中得以实现。当市场中存在不完全竞争、外部性和不完全信息等情况时就会引发市场失灵。政府为纠正市场失灵而进行干预时，政府的对策结果与预期不符时也会产生政府失灵。

物质在地球上是一个循环系统，能源可以直接或间接地从太阳获取。根据热力学第一定律和第二定律，能量虽然是守恒的，但能量的转化效率却不可能达到 100%。而物质和能源的大量使用为现代社会带来了严重的环境问题，一方面人类过多地使用或消费资源使得资源紧缺，另一方面能源受限于太阳能的可获得性和人类转化利用太阳能的能力存在诸多的技术困扰。同时，现代化企业的大规模生产，以及在庞大的人口消费活动中，排放的废弃物的种类、数量巨大，远远超出了自然界的消解能力。早期人类社会对此缺乏了解而听之任之时，对自然生态环境系统和人类自身的健康影响曾造成了相当严重的后果。

人类社会为此进行了多方面的反思和探讨，可能的解决之道在于抑制过高的欲望和需求。但人们依然在追求更舒适更富足的生活，市场机制的高效运行不可或缺。目前，普遍认为更可行的方法是正确认识市场和自然生态环境的关系，在充分认知、全面考量消费者需求、价格波动影响、生产过程等综合市场因素的前提下进行资源利用、废弃物排放和生态环境质量的权衡与协调。

　　最后，我们需要再次对经济学的发展特点进行关注。作为社会科学，经济学经常受到社会发展和实践的质疑。随着信息产业和互联网经济的高速发展，市场机制的基本规律在很多现实中是不易被观察的。可以肯定的是，经济学的基本理论在今天仍然是适用的，但随着社会的发展，不断关注经济学新的研究进展无疑是非常有必要的。

思 考 题

　　1. 什么是市场机制？

　　2. 如何理解需求、供给及市场均衡规律？

　　3. 经济学如何进行消费者行为的研究？如何理解效用和边际效用？

　　4. 什么是支付意愿和消费者剩余？你认为它们是怎样被应用的？

　　5. 作为专业化组织的企业，在生产活动中应具有哪些功能？企业的主要类型有哪些？

　　6. 什么是生产函数？

　　7. 什么是成本？生产者通常考虑哪些成本？

　　8. 什么是生产者剩余？它通常是如何计算的？

　　9. 什么是帕累托效率？经济学中的帕累托效率与日常生活中人们讲求的效率有哪些区别？它在现实中应用时的最大争议是什么？

　　10. 什么是竞争？你认为竞争是促进市场效率最主要的动力因素吗？

　　11. 举例说明什么是完全竞争市场，完全竞争市场在现实中常见吗？

　　12. 什么是市场失灵？市场失灵发生的原因有哪些？

　　13. 现代政府的主要经济职能有哪些？政府通常在什么情况下会对市场失灵现象进行干预？政府干预市场失灵的效果如何？

参 考 文 献

保罗·克鲁格曼，罗宾·韦尔斯. 2012. 宏观经济学. 赵英军，付欢，陈宇，等译. 北京：中国人民大学出版社.

保罗·萨缪尔森，威廉·诺德豪斯. 2014. 经济学. 19 版. 萧琛，译. 北京：商务印书馆.

彼得·伯克，格洛丽亚·赫尔方. 2013. 环境经济学. 吴江，贾蕾，译. 北京：中国人民大学出版社.

高鸿业. 2007. 西方经济学（微观部分）. 北京：中国人民大学出版社.

格里高利·曼昆. 2009. 经济学原理：微观经济学分册. 梁小民，梁砾，译. 北京：北京大学出版社.

姜学民，周升起，刘锦. 2009. 理论生态经济学：实践可持续发展战略的课题与方法. 北京：中国商务出版社.

马中. 2019. 环境与自然资源经济学概论. 3 版. 北京：高等教育出版社.

平狄克，鲁宾费尔德. 2000. 微观经济学. 4 版. 张军，罗汉，尹翔硕，等译. 北京：中国人民大学出版社.

曲福田. 2001. 资源经济学. 北京：中国农业出版社.

沈满洪. 2015. 资源与环境经济学. 北京：中国环境科学出版社.

汪应宏，汪云甲，王晓. 2005. 资源经济学导论. 徐州：中国矿业大学出版社.

王金南. 1994. 环境经济学：理论、方法、政策. 北京：清华大学出版社.

亚瑟·赛斯尔·庇古. 2009. 福利经济学. 何玉长，丁晓钦，译. 上海：上海财经大学出版社.

张帆，夏凡. 2015. 环境与自然资源经济学. 上海：上海人民出版社.

张象枢. 2001. 环境经济学. 北京：中国环境科学出版社.

郑永琴. 2013. 资源经济学. 北京：中国经济出版社.

周冯琦. 2016. 生态经济学理论前沿. 上海：上海社会科学院出版社.

Daly H E, Farley J. 2007. 生态经济学：原理与应用. 徐中民，张志强，钟方雷，等译. 郑州：黄河水利出版社.

第二部分 市场机制与环境问题

对稀缺的资源进行有效配置是经济学研究的核心和主题。自然资源和生态环境质量具有稀缺性，但环境经济学对此的认知在经济学理论和在自然科学技术手段辅助下有所差别。市场机制并不能自发地解决环境问题中稀缺资源的有效配置问题，因此在市场中常出现环境物品缺位、交易困难、存在外部性障碍等情况，同时人们常忽视环境的长期影响。

第三章　自然资源的稀缺性和生态环境质量评价

稀缺性是经济学的两大核心和主题之一，它是一种对于需求来说物品或服务总是有限的状态，在人类社会的经济体中稀缺状态源于人们内心欲望的无限性，即如果能够无条件地满足每个人的欲望，则市场现有的物品和服务是远远不足的，更何况地球上还有很多区域的民众仍处于物品和服务严重不足的饥寒交迫中。经济学就是在承认稀缺性的基础上研究一个社会如何有效利用资源来进行物品和服务的生产，并将它们在不同的人之间进行分配的学科。换言之，经济学意义上的稀缺与物品和服务的自然属性关系并不总是确定的。当物品或服务的数量难以满足市场需求时，二者表现出的稀缺性是一致的。而当物品或服务的总数量可以满足市场总需求，只是由于自然或人为因素导致分布不均衡造成了局部稀缺现象时，经济学意义上的稀缺性是存在的，但自然属性表现上并不稀缺。因此，与自然属性上的绝对稀缺性相比，经济学中的稀缺性通常被认为是一种相对稀缺性，相对稀缺性可以由市场机制中的价格、供需变化通过交易过程来调节。

环境问题进入经济学家的研究视野，正是由于自然资源和生态环境质量在稀缺性上的特殊性，其研究内容主要包括生态环境质量的下降和对自然资源绝对稀缺性问题的研究等。

第一节　自然资源的稀缺性

在经济领域，自然资源是指在一定时间、地点的条件下能够产生经济价值，以提高人类当前和将来福利的自然环境因素和条件的总称。经济社会中自然资源在其原始或未改变状态下可作为生产过程的投入品，或可直接被人类消费，从而对人类具有经济价值，通常包括石油、煤炭、天然气等化石能源、矿产资源、动植物资源等，其经济价值取决于人类在经济活动中对其的利用方式和程度，这与人类在生产过程中综合原材料、资本、劳动及技术产出的其他物品是不同的。与其他环境问题相比，自然资源的稀缺性更早地受到了社会的关注。

首先自然资源具有非常明确的稀缺性，即在特定的时间、地点等条件下一般商品和服务普遍存在的稀缺性特性。无论是矿产资源、能源、土壤资源、水资源，还是生物资源等，其分布都是基于特定的地质、地理及气候等自然条件。在这些资源中，矿产资源受到的关注最多，一些矿产资源只在全球的特定区域分布。而随着多年的开采，在部分区域，矿产资源正以肉眼可见的速度减少。我国于 2008 年、2009 年、2011 年分三批确定了 69 个资源枯竭型城市（县、区），其中煤炭城市 37 座、有色金属城市 14 座、黑色冶金城市 6 座、石油城市 3 座、其他城市 9 座，涉及 23 个省（自治区、直辖市）、总人口 1.54 亿。这些城市的矿产资源开发已进入后期、晚期或末期阶段，累计采出储量已达到可采储量的 70%。这一现实无疑加剧了人们对资源稀缺问题的焦虑。与一般商品和服务不同，矿产资源这类在地球上总量一定的自然资源引发了人们对其是否会被耗竭的担心。目前，除了可自然繁殖的动植物资源外，多数的自然资源是有总量上限的，随着人类科技和生产力的发展，总生产量和利用量以越来越快的速度向上限接近。

一、分类

自然资源又分为可耗竭资源和可再生资源。

在一定时间范围内，质量保持不变，蕴藏量不再增加的资源称为可耗竭资源或不可再生资源，通常包括化石能源和各种矿产资源。这类自然资源的形成需要漫长的地质演变，其天然储存量一旦被用尽，对人类来说该自然资源就会耗竭。一些可耗竭资源在其资源产品效用丧失后，大部分物质还可以回收利用，如金属等矿产资源；而另一些可耗竭资源的使用过程不可逆，使用之后无法回收利用，如煤、石油、天然气等能源资源。对于可回收的可耗竭资源来说，回收再利用可有效延长资源的使用过程和时间。

可再生资源又称可更新资源或不可耗竭资源，是指能够通过自然力以某一增长率保持或不断增加蕴藏量的自然资源，典型的可再生资源就是可以自然生长和繁殖的生物资源，此外还包括太阳能、大气、水等资源。太阳能被认为是一种完全不受人类活动影响的可再生资源，称为无限资源。其他各类可再生资源几乎都受到人类对其利用数量和方式的影响。同时，我们要注意，在可再生资源中，大气、水这一类自然资源在地球上的总量也是一定的，但它们在自然界的循环和流动使得区域内其成分和数量一直在更新和变化，因此在区域内被视为可再生资源。

以上分类方式也会存在一些特例：某些通常分类下的可再生资源是在现代人类时间尺度内无法再生的资源，如森林资源中的一些古树，作为植物通常归入可再生资源，但其生长需要数百年甚至上千年的时间，一旦采伐便消失，数代人都不可能再拥有这一类的资源，因此也被看作是不可再生资源，如列入《世界自然遗产名录》的美国加利福尼亚州红杉树国家公园中存活上千年的古红杉树就被视作不可再生资源；而其他一些可再生资源可能在人类不合理的开发利用方式之下出现局部存量减少甚至耗竭的现象，还有一些类似农产品的可再生资源在非生产期内进行一定条件下的储存等人为因素影响下，一定的时间范围内也表现出与可耗竭资源相近的特征。与为了延长使用期限储存可耗竭资源的目的不同，储存可再生资源通常是为了在相对较短的时间段内进行更有效的资源配置。

二、特点

自然资源的种类多样，不同的自然资源其属性和特点也不同。

在漫长的时间和人类活动影响之下，自然资源表现出整体性和一定程度的动态稳定性，即不同种类的自然资源之间首先表现出相互联系、相互影响、相互制约的特点，生物资源和其他资源的关系最为典型。生物，其中也包括人类自身，在生存和发展中需要其他各类自然资源的支撑，如空气、水、太阳能、所在生态系统中的其他生物资源来提供食物和其他服务功能。人类还利用矿产资源进行生产消费等社会活动，即各类资源所形成的生态系统的结构和功能对人类生存和发展的意义十分重大。

　　此外，各类自然资源在地球上的分布很不均匀，地域性差异明显。世界上很多国家的经济支柱产业依赖于本国相对丰富的某些自然资源，是这些资源的出口大国，即对于一般性的资源地域差异问题，贸易是最常见的解决方法。同时，人们也试图在一定区域范围内解决其他一些重要资源的分布不均局面。例如，中国南方地区水资源丰富，而北方很多城市在发展过程中或多或少地面临水资源短缺的危机，为此我国规划和实施了多个引水工程，南水北调工程就是其中调水量最大的工程之一。

　　人类对自然资源的利用除经济因素外，地区或国家政策、科学技术水平对资源的利用范围和利用率也会产生重大影响，形成了今天世界各国对资源利用水平的巨大差异。如表 3-1 所示的农业灌溉水利用率为 12%～87%，工业和经济总体的水资源利用效率最高与最低的国家相差近百倍。

表 3-1　部分国家水资源利用效率

国家	万美元 GDP 用水量/m³	万美元工业增加值用水量/m³	灌溉水利用率/%
阿根廷	1098	487	20
澳大利亚	244	89	80
巴西	364	291	28
加拿大	344	743	30
中国	1197	603	46
埃及	3625	597	57
法国	119	487	73
德国	97	344	—
印度	5525	489	44
印度尼西亚	2432	958	12
以色列	100	23	87
日本	165	88	—
墨西哥	912	253	31
俄罗斯	537	1120	78
瑞士	52	121	—
南非	479	118	31
西班牙	222	199	72
土耳其	652	307	51
美国	403	1177	54
津巴布韦	7476	2110	24
世界	711	569	

资料来源：贾金生，马静，杨朝晖，等. 国际水资源利用效率追踪与比较. 中国水利，2012，5：13-17

三、储量和储采比

人类社会可用资源的绝对数量值和可使用时间一般用储量（或资源量、产出量）和更直观的储采比等指标来衡量。

1. 资源量、储量和产出量

参考现代地质学、能源及各类资源类自然科学的研究过程及成果、《联合国资源分类框架》（UNFC）2019 年修订版和我国《固体矿产资源储量分类》（GB/T 17766—2020）等，资源的储量和资源量的含义和分类根据维度的不同而存在很大差异。

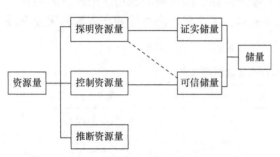

图 3-1　资源量和储量分类及转换关系示意图

根据我国《固体矿产资源储量分类》（GB/T 17766—2020）标准规定，如图 3-1 所示，资源量包括探明资源量、控制资源量和推断资源量三类，储量包括证实储量和可信储量两类。资源量是依据地质信息、地质认识及相关技术要求估算出的预期可经济开采的资源量，而储量则是探明资源量和控制资源量中可经济采出的部分，满足开采的技术可行性和经济合理性。图 3-1 中资源量的三个类别中，从上到下地质可靠性逐步降低；主要基于探明资源量估算的证实储量和主要基于控制资源量估算的可信储量在技术可行性和经济合理性上也是前者高、后者低。显然，综合考量地质可靠性、技术可行性和经济合理性三个维度时，从左上方到右下方综合评价效果是降低的。储量中的证实储量是当前最实用的资源数量数值的表达形式。但随着社会和技术的发展，推断资源量也存在着预期应用前景，同样不可忽视。

为满足不同资源行业和应用的需求，充分对应可持续资源管理的要求，并适用于所有资源的分类及储量统计，《联合国资源分类框架》将分类的三个维度定义为环境-社会-经济活力（E）、技术可行性（F）和估算值置信度（G），并采用数字编码系统对某一资源项目的产品产出量加以分类，如图 3-2 所示。

以上两类储量、三类资源量及综合维度水平下产出量的概念和数值在实际进行统计和分析时，会由于当时自然科技水平的认知程度而存在很大差别。当采用不同类别的数据量值时，资源耗竭的紧迫性判断结果可能存在较大差异。

2. 储采比

基于资源量、储量、产出量的概念和数值在衡量自然资源稀缺性上表现出的局限性，同时理论上可耗竭资源来自自然界的供应上限迟早会到达，那么资源稀缺性对于人类社会更为简洁直观的指标表达方式就是储采比。储采比一般是用某类资源的储量与年均开采利用量作比值，即该资源的可开采利用时间，这个指标通常更多地用于计算可耗竭资源的可开采利用时间。它并不是一个稳定的数值，同时受到资源储量与经济活动中的年

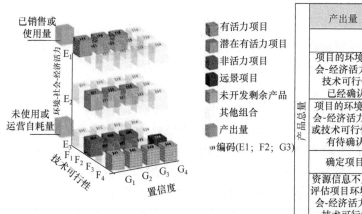

图例：
- 有活力项目
- 潜在有活力项目
- 非活力项目
- 远景项目
- 未开发剩余产品
- 其他组合
- 产出量
- 编码(E1；F2；G3)

产品总量	已销售或使用量			
产出量	未使用或运营自耗量			
	类别	最低级别		
		E	F	G
项目的环境-社会-经济活力和技术可行性已经确认	有活力项目	1	1	1.2.3
项目的环境-社会-经济活力和/或技术可行性尚有待确认	潜在有活力项目	2	2	1.2.3
	非活力项目	1	2	1.2.3
确定项目未开发剩余产品		3	4	1.2.3
资源信息不足以评估项目环境-社会-经济活力和技术可行性	远景项目	3	3	4
远景项目未开发剩余产品		3	4	4

图 3-2 《联合国资源框架分类》的级别与类别示例图
表格为具体的标示辅助数字编码示例

均开采利用量的影响，而这两个变量又受到勘探技术发展、资源市场价格、资源应用的市场变化、替代品及应用技术发展等多种社会条件影响。图 3-3 为我国石油资源储采比 2000~2018 年的估算值，该趋势明确显现了我国石油资源的稀缺程度，多年的储采比估值均很低，不足 20 年。同时可以从图中发现，我国的石油资源在 2000 年评估时的储采比为 15 年，而 2018 年储量与开采利用量相比仍有 18.9 年的使用时间。

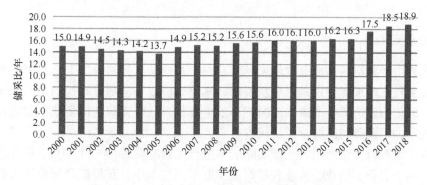

图 3-3 2000~2018 年我国石油储采比随时间的变化
资料来源：2018 年度《全国石油天然气资源勘查开采情况通报》

理解这两个指标的应用条件限制是很有必要的。很显然，储量和储采比并不是一成不变的。推断资源量随着技术的发展可能会增加，会转化为控制资源量和探明资源量，储采比则受到储量与年均利用量的双重影响。年均利用量受人类社会经济活动的影响更大，当资源总储量下降时，根据供求的一般规律，供给量的下降伴随着价格的上涨。而价格上涨会促使市场寻找替代资源或替代产品，当替代发生时，需求量也随之下降，即年均利用量受到市场和技术等因素的多重影响。技术的进步趋势预测比进步的方式和速度预测可能更准确，即某种资源的年均利用量的长期预测中，其利用效率的上升趋势是稳定的，但年利用数量的绝对值预测的不确定性则很高。

四、稀缺性经济评估指标

资源是否稀缺与人类在经济活动中对它的使用存在必然的联系，根据市场机制的基本作用，价格、成本等经济指标应该可以提供稀缺的信号或警告。

1. 市场价格

市场价格是表征资源稀缺性的最重要的指标。经济学认为稀缺通常是指对一种商品或服务，相对于需要的数量来说所能获得的数量是有限的，任何具有市场价格（或隐性价格）的资源一定是稀缺的。稀缺物品有时也指实际市场价格为 0 时，需求超过供给的物品，即使该物品的价格在实际市场中是缺失的，也不会改变其稀缺的客观事实。例如，人们希望空气越清洁越好，清洁的空气没有市场价格，但它是稀缺的。那么当运作良好的市场中资源价格上升时，该资源即已经变得相对更稀缺。

因此，有经济学家认为，不可再生资源绝对意义上的完全耗竭在经济市场中是不可能的。根据供求的一般规律，当价格过于高昂时，需求量会相应降低，该资源的经济寿命可能会被无限拉长，市场对该可耗竭资源的生产和消费只是一个过程，即总是无法达到最终的耗竭结果。在可耗竭资源的价格是否在以现行利率随时间而上涨的实证经济学研究中，多项对矿产、原油等可耗竭资源长期市场价格变化趋势的研究表明，资源的价格波动与短期的供给量和需求量变化更相关，矿产价格并不总是随着时间的推后而增长，市场价格受到供求关系、社会政治经济及管理等多种因素影响。

2. 经济成本

当作为生产原料的自然资源越来越稀缺时，其勘探、开采及加工、利用的难度和技术要求就会随之增加，特别是可更新资源，其总经济成本会随着时代的发展呈现出上升的趋势。即使假设边际生产成本随时间不发生变化，只要资源变得稀缺，则随着边际使用成本的增加，资源利用的总经济成本也会上升。

经济学家在对开采利用的长期实际成本进行考察时发现，1870～1957 年的近 100 年时间中，用于农业、渔业、林业和矿产的实际单位成本中，获得矿产资源的长期实际成本下降了，农业的实际单位成本保持不变，林业和渔业产品的实际单位成本则呈现出了轻微上升的趋势。同价格表现一样，仅在某些较短时期出现过上涨。

综上，与资源储量、储采比等绝对数据所表现出来的严重情况相比，经济学中考察稀缺性指标的研究结论到目前为止还是可以乐观看待的。经济学认为这源于人类对于价格导致的经济激励所做出的反映。当资源稀缺导致价格上涨时，人们会采取相应的行动来缓解稀缺，如减少产品消费量、使用其他产品进行功能替代，采用替代原材料或采用更节约资源的技术等。此外，我们需要意识到，以上的研究结论都是基于历史数据得出的，经济领域的创新和发展对资源的影响则需要人类时刻关注和警惕。

第二节 生态环境质量评价

生态环境质量评价是评价各种天然的和经过人工改造的自然因素所构成的环境系统总体或环境的某些要素，对人群的生存和繁衍以及社会经济发展的适宜程度，是反映人类的具体要求而形成的对生态环境状态及其变化情况的评定结果。在现实生活中，生态环境质量描述影响人们生活、生产、健康、舒适度的环境状态，人们经常可以直接感受到。当清洁的空气，饮用和其他用途的水，用于农业生产的质量安全的土壤，舒适生活要求的没有噪声、辐射及自然灾害等环境受到污染或破坏给人们造成困扰时，适宜的生态环境质量就显现出了稀缺性。为了客观评价生态环境质量对人们生活的不适宜程度，有目的、有计划地改善不适宜的或保持适宜的生态环境质量，人们首先进行的是生态环境质量评价的技术工作。

一、生态环境质量评价简介

对生态环境质量进行评价起源于一些严重的环境灾难事件。人们最早期关注生态环境质量是在 20 世纪 60 年代，当时生态环境质量的好坏通常表示大气、水、土壤等环境因素受到污染的程度。现代，其涵盖内容已得到了很大发展，除大气、水（淡水和海洋）、土地、自然生态、声环境及辐射等常规环境要素外，气候变化与自然灾害、基础设施建设与能源使用的发展规划等也被包含在内。

现代环境管理中，生态环境质量评价通常是根据公认的标准和技术程序来进行的。如图 3-4 所示，在大气环境因素的质量评价中，在现状评价和污染监测评价两种不同的评价程序中，选择设计的评价因子或指标、监测方案、数据分析方法等都有明确的技术要求。

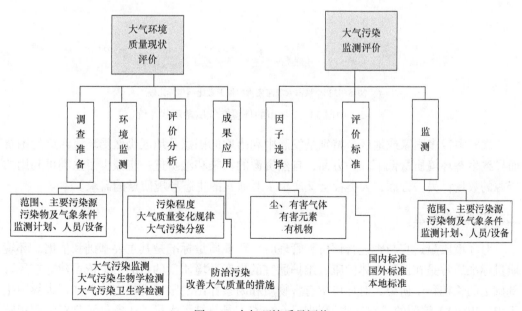

图 3-4 大气环境质量评价

以对环境要素进行监测为基础的生态环境质量的评价和管理，是世界各国政府必备的重要环境管理职能。如图 3-5 所示，根据生态环境部公布的《2018 中国生态环境状况公报》，在对 SO_2、NO_2、PM_{10}、$PM_{2.5}$ 及 CO、O_3 等 6 项污染物为基础的环境空气质量综合评价中，2018 年重点监测的 338 个地级以上城市中超标比率仍高达 64.2%。而 2018 年的这一质量现状的 6 项基础指标比 2017 年均有所改善。

达标35.8%
超标64.2%

(a) 2018年338个城市环境空气质量达标情况

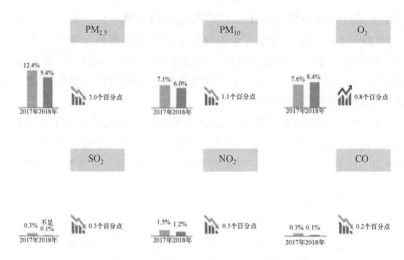

(b) 2018年338个城市六项污染物超标天数比例年际比较

图 3-5　中国 338 个城市的环境空气质量现状评价

现实中很多国家或地区，特别是发展中和落后的国家及地区仍然受环境污染的困扰而导致生态环境质量低下。一方面，自然资源的污染和浪费进一步减少了人类可利用的资源的数量；另一方面，人类社会又产生了对适宜的生态环境质量的需求。

二、环境质量标准

对环境质量适宜与否进行评价和管理时，环境质量标准是其主要基础和依据。环境质量标准通常是在保障人体健康、维护适宜的生态环境质量的目的下，依据建立在风险基础上的长期科学研究，对环境中有害物质和因素作出的限制性规定。例如，世界卫生组织（WHO）编制的《空气质量准则》（AQG）是总结了大量关于空气污染对健康影响的科学文献，依据相关的科学证据，即在现代客观科研认知水平下制定的。表 3-2 和表 3-3 是该准则中对于颗粒物（PM$_{2.5}$ 和 PM$_{10}$）的年均浓度和 24h 浓度的准则值及过渡时期目标值，其中准则值被认为对人群是最适宜的，当采用各个过渡时期逐渐升高的目标值标准时，健康风险也随之增加。

表 3-2　WHO 对于颗粒物的空气质量准则值和过渡时期目标：年平均浓度

项目	PM$_{10}$/(μg/m³)	PM$_{2.5}$/(μg/m³)	选择浓度的依据
过渡时期目标-1(IT-1)	70	35	相对于 AQG 水平而言，在这些水平的长期暴露会增加大约 15%的死亡风险
过渡时期目标-2(IT-2)	50	25	除了其他健康利益外，与过渡时期目标-1 相比，在这个水平的暴露会降低大约 6%（2%～11%）的死亡风险
过渡时期目标-3(IT-3)	30	15	除了其他健康利益外，与过渡时期目标-2 相比，在这个水平的暴露会降低大约 6%（2%～11%）的死亡风险
空气质量准则值(AQG)	20	10	对于 PM$_{2.5}$ 的长期暴露，这是一个最低水平，在这个水平，总死亡率、心肺疾病死亡率和肺癌的死亡率会增加（95%以上可信度）

注：应优先选择 PM$_{2.5}$ 准则值（AQG）

表 3-3　WHO 对于颗粒物的空气质量准则值和过渡时期目标：24h 浓度

项目	PM$_{10}$/(μg/m³)	PM$_{2.5}$/(μg/m³)	选择浓度的基础
过渡时期目标-1(IT-1)	150	75	以已发表的多中心研究和 Meta 分析中得出的危险度系数为基础（超过 AQG 值的短期暴露会增加 5%的死亡率）
过渡时期目标-2(IT-2)	100	50	以已发表的多中心研究和 Meta 分析中得出的危险度系数为基础（超过 AQG 值的短期暴露会增加 2.5%的死亡率）
过渡时期目标-3(IT-3)*	75	37.5	以已发表的多中心研究和 Meta 分析中得出的危险度系数为基础（超过 AQG 值的短期暴露会增加 1.2%的死亡率）
空气质量准则值(AQG)	50	25	建立在 24h 和年均暴露的基础上

* 以卫生管理为目的。以年平均浓度准则值为基础，准确数的选择取决于当地日平均浓度频率分布；PM$_{2.5}$ 或 PM$_{10}$ 日平均浓度的分布频率通常接近对数正态分布

生态环境质量标准是在一个国家或地区管理者所采取的健康风险、技术可行性、经济发展水平、环境管理能力和其他各种自然地理条件、政治和社会因素的综合考量下制定的。目前，很多国家或地区的环境空气质量标准是在参考表 3-2 和表 3-3 中不同过渡时期目标值的基础上制定的。这就导致在不同环境质量标准值基础上较理想的生态环境质量评价结论在某些情况下可能由于标准值相对宽松而仍存在一定的健康风险，生态环境质量在长时间内很多区域都将以不能满足人群客观健康需求的现实状态存在，即从经济学的角度来说，适宜的生态环境质量也是稀缺的。

专题 3 变化的环境标准：美国《清洁空气法》

美国联邦层次的环境空气质量管理立法的历史，最早可追溯到 1955 年的《空气污染控制法》，中间经历了 1963 年的《清洁空气法》，1967 年的《空气质量控制法》，直到 1970 年的《清洁空气法》。《清洁空气法》将国家管理的大气污染物分为基准空气污染物和有害空气污染物两类，并根据保护对象制定基准空气污染物的二级保护标准：一级标准是为了保护公众健康，包括保护哮喘患者、儿童和老人等敏感人群的健康；二级标准是为了保护社会物质财富，包括对能见度以及动物、作物、植被和建筑物等的保护。

根据《清洁空气法》，美国环境保护局（简称"美国环保局"）原则上审查工作每 5 年进行 1 次，并根据每次的审查结果决定是否修订标准。标准的修订几乎涵盖该法案的所有部分，包括基准污染物的组成、级别的调整、污染物控制时间、浓度值等。40 多年来，美国环保局根据每个阶段最新的科学研究结果、经济技术发展水平和国家管理需求，对标准进行过多达 10 余次修订，有力地推动了区域环境空气质量的改善。

但是，作为大气环境保护行动的基础和依据，标准的修订也并非一帆风顺。以颗粒物指标为例。1970 年首次制定的颗粒物标准是以 TSP 为基准的空气污染物，一级标准规定了年平均和小时平均浓度限值分别为 $75\mu g/m^3$ 和 $260\mu g/m^3$，二级标准仅规定了小时平均浓度限值为 $150\mu g/m^3$。随后的研究发现，即使在低于标准的地区，仍然有相关的健康效应，尤其与粒径较小的颗粒物密切相关。经过深入的审查和评估，1987 年废除了 TSP 环境空气质量标准，制定实施颗粒物 PM_{10} 环境空气质量标准，年平均和小时平均浓度限值分别为 $50\mu g/m^3$ 和 $150\mu g/m^3$，一级标准与二级标准相同。1997 年，增加了更小尺度的颗粒物 $PM_{2.5}$ 环境空气质量标准，年平均和小时平均浓度限值分别为 $15\mu g/m^3$ 和 $65\mu g/m^3$，一级标准与二级标准相同。同时，保持颗粒物 PM_{10} 环境空气质量标准不变。对 $PM_{2.5}$ 标准，许多组织以成本过高提出反对。经过 10 年的深入研究和达成共识之后，2006 年美国环保局进一步收紧颗粒物 $PM_{2.5}$ 的小时平均浓度限值至 $35\mu g/m^3$，同时废除颗粒物 PM_{10} 的年平均浓度限值。

资料来源：曹俊. 美国：十次修订环境空气质量标准为哪般. 中国减灾，2012，（8）：21-23。

思 考 题

1. 经济学中怎样定义自然资源？又是如何分类的？有哪些特点？
2. 经济学中试图评价自然资源稀缺性的指标有哪些？
3. 你对自然资源的稀缺性是如何理解的？
4. 什么是生态环境质量？
5. 利用环境科学的基础知识梳理我国对大气、水、土壤、噪声及振动等环境要素进行生态环境质量评价有哪些依据、遵照什么技术流程。
6. 选择若干个国家或地区，将当地环境要素标准值与 WHO 的环境要素准则值、目标时期值对比，并统一根据准则值评估这些国家或地区的生态环境质量。
7. 如何理解生态环境质量的稀缺性？

第四章　环境问题的市场失灵

当自然资源与生态环境质量同样存在稀缺性时，我们会期待对稀缺资源进行有效配置的市场机制可以介入和起作用。市场被经济学家普遍看作是一种进行经济活动的良好机制。在市场中，生产与需求之间的联系、生产要素的流动和分配被自发地协调，资源被有效率地进行配置。在看似杂乱无章、数量众多的买方和卖方参与下，整个市场机制的运作是复杂而有序的，就如同有一只"看不见的手"在操纵。经济学研究表明，虽然存在很多情况会导致市场有效性降低，如破坏完全竞争市场结构的垄断及其他形式的不完全竞争等，但在有条件的完全竞争市场中，市场有效性得以很好地实现。

对于环境问题，市场机制观察和研究结果令人失望，市场在环境保护领域中大多数都是失灵的。最典型的环境问题是环境污染，现代企业和家庭在进行生产和消费时排放出的废气、废水或废渣对人体健康、自然生态或景观产生负面影响时，自发的市场机制完全不起作用，额外产生的废物处理成本在环境管理中虽已缴费，但由于各种经济和社会因素作为排污者的企业或家庭多数情况下并未全额承担，这导致污染问题经常无法很好地解决，有时甚至会严重爆发。例如，在人类很长的历史时期中，空气是免费获取的，当空气受到污染而质量下降时，人们对清洁的空气产生需求，但现实中不存在一个交易清洁空气的市场，即有些重要的环境资源在变得稀缺时市场机制没有起作用。此外，其他一些新问题的产生和加剧也引发了社会的普遍关注，如全球气候变化是否会使未来人类的生存受到根本性的影响，全社会改变主要的化石能源消费方式还来得及吗？在市场失灵时，潜在的帕累托改进型交易可能不会发生，市场无法自发地对资源进行有效配置。

环境保护领域的市场失灵通常包括市场缺位的公共物品、环境物品，市场无法控制的外部性问题，产权不清晰、开放性获取资源时的交易受阻以及通常行动决策时市场对未来和长期环境问题的忽视等。

第一节　公共物品和环境物品的市场缺位

市场机制中最常见的活动是交易，但并不是所有的物品都可以进入市场进行交易。人们已经意识到有些物品的稀缺性和价值，但其仍然无法进入市场或市场交易活动非常不活跃。对大多数人来说，交易荒地、濒危物种的保护权或出售罐装清洁空气都是不好理解的、甚至被认为是哗众取宠的行为。这一类市场缺位或并不存在有效市场的物品或服务主要为相对于私人物品而言的公共物品和生态功能性服务，在市场上可以顺畅交易的物品或服务都具有私人物品的属性。

一、私人物品和公共物品

可以在市场上交易的物品或服务多数是私人物品，通过判断其是否具有明确的竞争性和排他性来区分私人物品和公共物品。

竞争性是指该物品或服务被某个特定的人消费或享用后，就无法被另一个人消费和享用。多数物品或服务类商品都具有该属性，即消费者是不能使用同一个商品或服务的。排他性是指在消费物品或服务时将其他消费者排除在外的属性，即对于一种物品或服务，如果消费者消费时是需要被允许的，那么它就具有排他性。

1. 私人物品

私人物品通常具有明确的竞争性。例如，当一份食物被某个消费者食用后，其物质形态消失了，其他消费者就无法再消费这份食物；家政服务也是特定的，不可能有两个不相关的家庭用户使用同一份服务时间。也就是说，竞争性大多与消费物品的方式有关，如果对一种物品的消费行为会减少该物品对于其他消费者的可使用数量，那么这种物品就具有竞争性。某个消费者消费竞争性物品时，其他消费者可使用数量减少，那么该消费者的消费行为对其他相关消费者产生了相应的机会成本，进而通过市场的价格和竞争机制实现了资源的有效配置。竞争性对可进行市场交易和提升市场效率非常关键。如果没有竞争性，就不需要为额外多提供的商品付出成本，则该物品的边际成本为 0，价格也应该为 0，价格为 0 的物品不会进行市场交易。

当有些物品或服务的竞争性并不是特别明确时，如果进行交易，就需要具备明确的排他性，市场机制中的排他性大多通过是否能获得消费该物品或服务的许可来确认，未获得许可无法进行消费即做到了被排他，而获得许可通常是通过支付合理价格的交易行为来实现的。在不支付合理价格时消费是可以被拒绝的，这也是交易活动正常进行的基本条件。动物园、公路等服务设施通过建筑围墙和收费进出通道的方式即是市场机制中用来构建排他性的常见手段。

排他性对于不具有竞争性或竞争性不强的物品在市场中能否进行交易尤其重要，此时要保持排他性需要考察两个前提条件，即技术上和成本上的可行性。例如，早期历史上无线广播和电视信号可以被任何具有接收器的人收到，要想有选择地接收信号是不可能的。随着信号传输、加密和干扰技术的发展，技术具备了实现排他性的可能。同时，排他性技术多被用于收益较高的电视信号的传送，即只有当排他成本低于排他后的收益时，排他性才能真正产生。

当市场中存在多种具备竞争性和排他性的物品或服务时，市场机制才能正常从事该物品或服务的交易活动，通过供给和需求的均衡规律进行资源的有效配置。当不具备竞争性和排他性时通常无法进行正常的交易活动，即非竞争性和非排他性会破坏私人物品的属性，进而使交易活动无法顺畅进行。

2. 公共物品

与私人物品相反，当一个物品可以被所有人使用或享受，并且无法阻止其他人对它的使用或享受时，该物品即为公共物品。公共物品通常具有非排他性和非竞争性的属性，即供给的普遍性和消费的非排他性属性。

无法阻止其他人使用使得该物品可以被所有人使用，即使是对人类非常重要的物品或服务也不需要付出额外成本即可以享用，如国防、公共道路、广播等。空气和月亮也是典型的公共物品，所有人都可以呼吸空气、欣赏月亮，且无法阻止他人。而当发生局部空气污染时，区域内的所有人都将受到影响，他们呼吸了被污染的空气或由于低能见度而无法赏月时，未受污染的区域并没有受到影响。"空气污染"不是消费者愿意享受的，该物品也称为公共厌恶品。这两个特点使得公共物品在市场中进行正常交易活动的可能性很低。

竞争性和排他性并不是绝对的，有些物品只有部分的竞争性和排他性。免费的公路和知识讲座在通行量或教室座位容量之内时是公共物品，但发生堵车或听讲人数过多时则产生了拥挤，即使表面上仍然免费，但此时其机会成本急剧上升。这类只有部分竞争性和排他性的物品也称为准公共物品。准公共物品在现实生活中更为多见。

公共物品与私人物品在市场中的表现存在很大的差别。最主要的差别是非竞争性，即任何一个消费者消费 1 单位公共物品时的机会成本为 0，也就是公共物品向消费者提供的边际成本为 0，于是它的价格很低甚至为 0；而非排他性导致在消费时存在"搭便车"现象，即不用购买或不用付出成本也可消费及获得效用的现象。以上两种情况使得私人供给者通常无法从中获利。因此，单纯依靠市场调节公共物品的供给一般会远小于需求，当公共物品的社会需求很高时，大多由政府来提供。政府在提供公共物品时，可以采用直接组织生产经营或委托私人企业等各种供应形式。在现代化管理制度下，政府在向社会提供公共物品时会尽力提高效率、降低成本、完善制度，以规避政府失灵的种种风险。

当物品或服务处于不满足排他性和竞争性的其他情况时，它既不是完全的私人物品，也无法划入公共物品或准公共物品的范畴，就被看作是介于公共物品和私人物品之间的非私人物品。例如，公海捕鱼活动是非排他的，任何人都可以去公海捕鱼，但当公海里的一条鱼被其中一个捕鱼者所捕获时，其他渔民是不可能再捕获到该鱼的，即捕鱼活动具有竞争性。当一个物品具备竞争性和非排他性特点时，该物品被认为是可开放获取物品。而收费的自然景观或有线电视，在享用时并无竞争，即一个消费者在享用时并不影响其他消费者，但只有交费后才能成为用户，即消费行为是被许可的，此类物品具备排他性和非竞争性特点，该类物品称为俱乐部物品，类似于会员制的俱乐部物品交易方式。该物品是否提供使用由一个主体决定，一旦成为该主体的会员，就可以使用该物品，俱乐部中某一个会员的使用并不影响其他会员的使用。

二、环境物品

自然生态环境除构建包括人类在内的生物生存环境外，还可以吸收和消解人类活动排放的废气、废水、废渣，完成能量和物质的转换与循环，这类由生态环境提供的服务功能称为生态服务。有些资源只为人们提供精神享受，即提供所谓舒适性服务，这类环境物品有时也称为舒适性资源。人们对舒适性资源的使用目的多为观赏休闲式娱乐、文化科研教育认知或保健等方面的功能式消费，它不提供有形的物质服务，还满足人们接触了解大自然的精神需求。抽象地讲，人们即使没有直接地体验或接触过这类物品，仅仅是从该物品存在这一事实就能提高人们的效用，这一类物品为人们提供的服务功能称为存在性服务。例如，人们仅了解到大熊猫、野狼、某些荒野或自然保护区的存在，即使他们对这些对象并未接触，就已产生了浓厚的兴趣，这一类人群也称为"安逸的环境主义者"。此外，从其他人或留给子孙后代可能获益的想象和感知中获得效用的利他和遗产类动机下也会给环境物品赋予效用。以上这些自然生态环境资源通过不同形式或方式都对人类产生了效用，即都被认为包括在环境物品的范畴里。

很显然，大部分环境物品具有公共物品的部分或全部属性：生态服务功能和舒适性资源通常全部或部分地具有非竞争性和非排他性；"安逸的环境主义者"、利他或遗产类效用更是完全不消费实物。因此，环境物品与一般物品在经济领域最主要的区别就在于是否存在一个有效的市场，一般物品的市场通常是普遍存在的，而环境物品则类似于公共物品，缺乏有效供给、不必付费使它很难在市场中存在，或者说市场交易的相对活跃度很差。

如图 4-1 所示，在环境物品总产出一定的情况下，甲和乙两人对环境物品的总需求曲线是根据二人的收益和或效用和来衡量的，而一般私人物品的总需求则是一定价格体系下个人需求量的数量和。

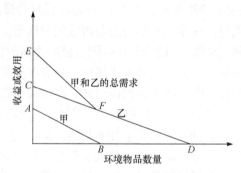

图 4-1　环境物品的总体需求

AB 为甲对环境物品不同数量时的收益或效用，*CD* 为乙对环境物品不同数量时的收益或效用；当假设只考虑甲乙二人的市场范围时，二者的总收益或总效用之和就是总需求曲线 *EFD*

在此基础上社会已达成了在环境物品应用和保护方面的一些共识。人们通过法律法规或自愿的形式运用经济惩罚、补贴、税收、慈善捐赠、义工服务等种种近似或补充的市场行为对环境物品进行干预。例如，当个人或企业向相关机构付费认养大熊猫时，其实是在购买"某只特定的大熊猫存活"这一环境物品。与其他物品的交易方式不同，认养大熊猫的个人或企业可以不唯一，并且不实际拥有大熊猫，大熊猫仍然生活在动物园或研究机构，认养人只是拥有可以定期探视及了解这只熊猫的生活情况、在专业人员指导下体验饲养过程等的有限权力。

第二节　产权制度下的交易困难

法律制度、传统及习俗所指的产权是市场交易活动中交易双方明确交易内容和收益归属的基本保障，其中影响最大的是强制性的法律制度规定下的产权。产权通常是指现代法律制度体系中核心保护的财产权利，是经济所有制关系的法律表现形式，主要包括财产的所有权、支配权、使用权、收益权和处置权。法律保护公民的权利除基本的人身安全权、财产权外，还包括政治、社会经济及健康、信息甚至公平性以及对弱势群体各项权利的保护。这些被保护的社会经济权利在法律框架下即为完善的产权，保护的要求通常包括以下 4 个方面。

（1）明确性，即明确各种权利的内容、权利的限制以及破坏这些权利的处罚规定等。

（2）专有性，即由拥有权利带来的所有效益和费用都直接给予权利的所有者，而且只有通过所有者才可转卖使用权。

（3）可变性或可转让性，即所有权可以在双方自愿交换的条件下，从一个所有者转移到另一个所有者，从而实现社会资源更有效率或价值的用途。

（4）强制性或可实施性，即应该保证免于其他人的侵犯和非自愿的攫取，使得破坏权利所得到的惩罚大于破坏权利可能得到的最大好处或期望的非法收入。

在市场经济条件下，产权的属性主要表现在三个方面：经济实体性、可分离性、流动独立性，这是进行交易可获取收益或效用的基本条件和要求。难以分割为可交易份额的物品，即产权不完善的物品是难以进行交易的。例如，清洁的空气、生物多样性资源或自然风景等是实体性较为模糊且不具备可分离性和流动独立性的典型例子，即使已具备稀缺性，仍缺乏市场交易活动。

产权的专有性在市场中主要影响排他性，而非排他的物品是无法拥有和交易的，因为他人只要愿意就可以无限地使用。当存在排他性时，产权就可以在双方自愿的条件下，从一个所有者转移到另一个所有者进行交易，从而实现更有效率或价值的用途，即更优的资源配置方式。在现代社会中，产权制度保障了市场在正常竞争性下的运行，若产权不清晰就无法交易或交易困难。环境物品通常不具有完善的产权，这也成为其很难进行市场交易的原因之一。例如，只有当法律制度要求丢弃垃圾必须定点定时或进行分类、交纳清运处理费用时，垃圾处理的排他性市场的建立才具备了基础和保障。

当资源的产权状况是没有人明确拥有或被法律规定为属于一定区域内的所有人，即共有产权时，可进入或获取资源的每个人都可以任意使用该资源，开放性获取资源多是共有产权。这类共有产权形式大多是由产权界定的难度很大或者排他性很难实现造成的。迁徙的鸟类或鱼类等野生动物资源、免费的公路、大气环境容量、可任意进入的海洋河流湖泊中的渔业资源、开放的草地、森林都是典型的开放性获取资源。这些资源的产权属于所有人，管理资源形成排他性的技术不具备或者成本过高，现实中或多或少地存在被过度利用的状况。

专题 4　"公地悲剧"——共有产权下公共物品的自然结局

假设有一个共有产权的封闭湖泊，湖泊中最有价值的资源是自然生长的鱼群。进入该湖捕捞的渔民要付出的成本除劳动力外，还包括渔船、捕捞器械、动力燃料等。鱼越少，捕获单位产量的鱼需要行驶的里程、捕捞的次数及劳动时间就越多，即付出的平均成本就越高。假设潜在渔民足够多，只要有利可图，就不断有新的渔民进入这一湖泊捕鱼。随着渔民数量的增加，总的捕鱼量会一直增加，单位捕鱼量的捕捞成本也在不断上升，直到完全没有利润为止。而在现代发达的捕鱼技术影响下，很多开放性渔场的结局就是幼鱼也被捕捞上来，该渔场变得无鱼可捕。这就是共有产权下公共物品的一个例子，与"公地悲剧"类似。

"公地悲剧"最早由美国生态经济学家加勒特·哈丁提出，摘自他 1968 年发表于 *Science* 杂志上的学术论文 *The Tragedy of the Commons*。有一片所有牧羊人都可以进行牧羊活动的公共草场，当每个牧羊人都只考虑个人收益最大化时，其决策就是尽量多地放更多的羊，这时增加的是私人收入。草场作为共有产权的生产资源，是非排他性但有竞争性的公共物品，每个牧羊人都可以使用且无法阻止其他的牧羊人使用。结果就是随着羊群数量的不断增加，草场退化至无法牧羊，最终所有牧民都无法再取得牧羊收入，这就是"公地悲剧"。

资源的某些自然属性可能把产权界定变得更加模糊和复杂。例如，水资源市场中的交易行为通常受到很多来自政府和法律的限制，但水资源并未形成有效的市场。水资源具有流动性、时空分布不均等自然属性，这些自然属性增加了合理配置水权问题的复杂性。通常水资源的使用权归属于水资源所在的土地，在水量充足时该区域土地上的人们取水是不受限的。而当水量由于气候或地质、社会经济发展等原因而产生不充足的情况时，则会采用先到先得或由政府在不同人群中进行水量分配的非市场方式进行水资源利用。水资源利用率不高的情况也比较常见，如当农业灌溉用水的优先度较高时，水的利用率经常很低。即使发生了政府和法律保护之下的水资源交易活动，也可能存在产权安全性问题，如上、下游城市之间的水权配置在降水量不足的枯水期或发生旱灾时就可能发生变化。当环境物品产权的安全性相对其他明确的私有产权来说较弱时，会进一步增加市场交易的困难程度。

第三节　市场机制的外部性

环境经济学对市场机制的外部性关注较多，这是因为大多数情况的环境和生态问题的产生都可以用外部性理论加以解释。当一个人或企业的行动（生产或消费）在没有许可的情况下影响了其他人或实体时，外部性就发生了，即主体和受体之间是在没有发生市场交易的情况下非自愿的影响。

人们之间的交易是自愿的，交易双方是在提升了适当的效用水平的基础上才认可了交易结果，而外部性影响是在未获得许可或得到适当补偿的情况下施加的影响，因此影响受体一般是经济活动第三方，并非交易双方，这种影响就是一种非经济影响，通过市场的交易活动可能无法得到解决。若第三方在交易活动中受损，由于该影响不需要得到第三方的同意，因此交易活动双方也不会对第三方利益加以考虑。在这种情况下，区分是否对他人的影响存在主观故意非常有必要。如果根据交易原则判断并不相关的第三方在交易双方或一方存在主观故意的情况下受到了影响，视后果属于社会道德、习俗甚至法律法规管辖范畴，就不再属于经济学中的外部性理论。

外部性是在没有市场交换的情况下，一个生产者 j 的生产行为（或消费者 j 的消费行为）影响了其他生产者 i（或消费者 i）的生产过程（或生活舒适度），如果公式：

$$F_i = f(X_i^1, X_i^2, \cdots, X_i^m, X_j^n) \quad (i \neq j)$$

成立，则可以说生产者（或消费者）j 对生产者（或消费者）i 存在外部影响。式中，F_i 为生产者（或消费者）i 的生产函数（或效用函数）；$X_i^1, X_i^2, \cdots, X_i^m$ 为生产函数或效用函数中自身主体 i 的内部影响因素；X_j^n 为生产者（或消费者）j 对生产者（或消费者）i 的生产过程或消费过程产生的不需要得到 i 事先认可的外部影响因素。

一、外部经济性与外部不经济性

外部性可以是消极的，也可以是积极的。环境污染一类的消极外部性对第三方造成了损害或产生了外部成本，即外部不经济性，也称为负外部性。例如，燃煤发电厂和造纸厂在生产过程中向空气和河流中排放的废弃物影响了一定区域的环境质量，这个区域范围内的人们即使不消费这两个工厂的产品仍然会在健康、舒适度、生产或生活中受到不利影响，这种情况下产生的外部成本即为负外部性。而当交易活动双方无意识地给第三方带来好处或外部收益时，就发生了积极的外部性，即外部经济性，也称正外部性。房地产商为提升产品价格对所建设的小区周边进行了很好的绿化，其种植的绿色植物净化空气的范围远超出该房产建设者的产品地域范围，周边其他住户，即非小区房屋购买者的也得到了好处，这种其他人获得的外部收益就是正外部性。

> ### 专题 5　泰国虾类养殖的外部性
>
> 在泰国南部的塔尼省，$1100 \mathrm{hm}^2$ 的红树林中的一半多由于村民的商品虾养殖场而被砍伐。红树林可以作为鱼类繁殖的场所，也可作为暴风雨和土壤侵蚀的屏障。随着红树林的破坏，该地开始出现鱼虾产量下降和水污染问题。经研究，根据当地红树林的森林利用方式、对渔业和海岸保护、气候等的有利影响估算，红树林的经济价值为 27264～35921 美元 $/\mathrm{hm}^2$，如果仅考虑水污染的外部影响，则虾类养殖的效益为 194～209 美元 $/\mathrm{hm}^2$。由于私人业主不必顾及红树林的生态功能损失及水污染的外部影响，加上农业相关的大额补贴，实际经济回报为 7706.95～8336.47 美元 $/\mathrm{hm}^2$。私人获得的净收益越大，社会净效益将越低，可见经济生产方式是低效率的。
>
> 经济学家进一步将继续砍伐剩余的红树林进行虾类养殖的项目进行了经济评估，评估结果是：红树林湿地的生态服务价值损失超出了虾类养殖活动的总收益，即如果考虑总的外部损失，应选择保护剩余的红树林。
>
> 资料来源：Sathirathai S, Barbier E B. Valuing mangrove conservation in southern Thailand. Contemporary Economic Policy, 2001, 19(2): 109-122。

如图 4-2 和图 4-3 所示，市场机制下的均衡与存在外部成本和外部效益时的均衡是不一致的。在第三方得到不必付出代价的外部收益时，市场均衡状态在边际成本随产量降低时相交于更高的均衡价格、更低的均衡数量[图 4-2（a）]，即使边际成本不变，仍相交于较低的均衡数量[图 4-2（b）]。而在第三方承担非自愿且没有得到赔偿的外部成本时，市场均衡状态在边际收益随产量降低时相交于更低的均衡价格、更高的均衡数量[图 4-3（a）]，即使边际收益不变，仍相交于较高的均衡数量[图 4-3（b）]。因此，在市场自发的均衡状态下，存在外部收益的产品社会生产和消费的数量较少，而存在外部成本时则数量较多，这时第三方受到了更多的损害。如果进一步考虑支付意愿，不用支付成本就获得外部收益，或非自愿情况下受到外部损害而得到补偿的情况下，第三方通常想得到更多的补偿，即图 4-2 中新的市场均衡在多数情况下具有比较低的估值。

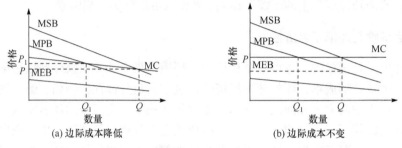

图 4-2　正外部性

当某商品或服务的私人边际收益（MPB）小于社会边际收益（MSB）时，边际净收益为 MEB，MEB=MSB−MPB，MC 为边际成本

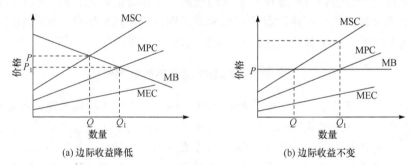

图 4-3　负外部性

当某商品或服务的私人边际成本（MPC）小于社会边际成本（MSC）时，边际净成本为 MEC，MEC=MSC−MPC，MB 为边际收益

二、竞争性和非竞争性外部性影响

环境物品消费的非竞争性特点使其外部性影响更为显著。当一个人受到了外部性影响后，并不能减少或增加其他人受到的影响，这类外部性影响称为非竞争性外部影响，如空气、水及其他环境要素在受到污染时对公众的影响。与之相反的是受影响者是明确的，而其他人则不受影响，即所谓竞争性的外部性影响。例如，一个小型工厂排放少量的二氧化硫气态污染物，影响的只是工厂周边半径几千米的区域范围之内农田的农作物产量和品质。当工厂未赔偿农作物损失时，农田的主人就是明确的受影响者。在污染物扩散和稀释的作用下，离工厂越远的业主受到的影响越小，每个受害者受到的影响可能都是不同的。一旦业主转让了农田的产权，他就不再是该影响的外部性受害者，即外部性被转移给了新的受害者。

很显然，区分外部性是否具有竞争性是很重要的，这会产生差别的应对方式和管理措施。通常来说，竞争性的外部性影响由于受众明确，更容易被消除或达成赔偿协议。

三、外部性和市场效率

无论是外部经济性还是外部不经济性，都可能对市场效率产生影响，这种影响是通过不同的资源配置方式产生的。如图 4-4 所示，在产生外部经济性的林业部门和外部不经济性的燃煤电厂的例子中，竞争市场的假设下，考虑外部性后形成了新的市场均衡，其供给曲线随之发生了整体的移动，而不同的供给量和消费量则形成了不同的资源配置方式。

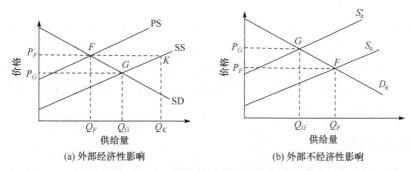

图 4-4 外部性影响下市场均衡的变动

在图 4-4（a）林业产品的供需关系中，企业的供给曲线为 PS 与需求曲线 SD 的交点 F 就是市场均衡点。当外部收益被考虑在内时，相当于企业获得了更多的利润，对企业来讲等同于市场价格的提升，其供给量会上升，即在 PS 上企业的供给行为会向 K 点移动；或者我们直接确定新的供给曲线，在市场同样的价格水平下，考虑外部收益时企业会生产更多的产品，即供给曲线移动到 SS 的位置，此时与 SD 交点为 G 点，均衡产量上升了。在社会资源总量一定的假设下，某种产品或服务产量的上升意味着其需要的资源被社会更多地分配过来，相应地，这些资源在其他产品或服务上的应用量就会降低，其他产品或服务的产量也就可能随之降低。

图 4-4（b）中燃煤电厂的供需关系中，企业的供给曲线为 S_e 与需求曲线 D_e 的交点 F 即市场均衡点。当外部成本被考虑在内时，相当于企业增加了更多的成本，对企业来讲等同于市场价格的降低，其供给量会下降，即在 S_e 上企业的供给行为会向左下方移动；或者我们直接确定新的供给曲线，在同样的市场价格水平下，考虑外部成本时企业会生产更少的产品，即供给曲线移动到 S_e' 的位置，此时与 D_e 交点为 G 点。均衡产量下降了，市场均衡价格则表现为升高。同样在社会资源总量一定的假设下，某种产品或服务产量的下降意味着其需要的资源被社会更少地分配过来，相应地，这些资源在其他产品或服务上的应用量就会增加，其他产品或服务的产量也就可能随之增加。

外部性在经济学中的含义很广泛，与交易双方完全无关的第三方受到的影响通常都被笼统地称为外部性。市场中第三方的影响是很常见的，在生产和消费过程中原材料和消费品价格的变动影响生产成本、产品价格和消费者效用，这种价格的变动可能是由非本过程的其他交易活动引起的，也被认为是第三方效应，但这种情况下并不会产生资源配置失当，人们可能会适应性地调整产品数量和消费数量，这是市场对价格变动表现出的稀缺性的正常反应，这类外部性影响通常称为货币外部性。与不能反映价格变化或通过市场体系表现出来的技术外部性相比，货币外部性并不会产生资源配置失当，引发社会资源配置失当的技术外部性才被认为是真正的外部性。

我们在环境经济学中讨论的是可能产生额外成本或收益的技术外部性，如燃煤电厂向周边排放粉尘时，周边居民要增加衣物洗涤次数，营业性的干洗店要达到同等洁净程度也需要增加洗涤剂的用量，此时居民和干洗店增加的洗涤费用才是我们关注的外部性影响结果。电厂并未将对居民和干洗店的影响计入生产成本时，其资源配置没有得到相应的价格调整，这是失当的。

当资源配置由于外部性的存在而表现失当时，市场不再表现为高效率，实施帕累托改进就具备了条件。任何纠正资源配置失当的行动，只要在其他人福利水平不降低的情况下至少一个人的福利水平得到改善，无论是正外部性的交易者获得额外收益，还是负外部性的承受者获得补偿，按部分经济学家的观点，哪怕是潜在情况甚至并未实际发生，都实现了帕累托改进。

四、解决外部性问题

在市场机制中，外部成本的产生者并不必为此付出额外的代价，外部收益的产生者也不会获得更多的好处，交易活动双方没有利益动机而自发地去消除外部成本或增加外部收益。因此，在环境保护领域的外部性问题中，人类常处于过多的环境污染与日渐降低甚至丧失生态功能的处境之中。而现代社会对外部性听之任之显然是不理智的，人类活动的影响越来越大，人们担心环境影响的外部性已威胁到人类生存，甚至有些影响的自我约束行动已为时过晚。在经济学领域，消除外部性的主要理论包括庇古税理论和产权理论。

1. 庇古税理论

用于纠正负的外部性影响的税收称为庇古税，以纪念最早提出这种税收方法的经济学家阿瑟·庇古（1877—1959）。制定庇古税是为了根据污染的外部损害对排污者征税，以弥补其他人承担的外部成本，相当于规定了污染权的价格。

如图 4-5 所示，为了使污染量和生态环境质量达到帕累托最优水平，实现资源有效配置，边际私人净收益和边际外部成本交点就是最优生产量或排污量，此时的边际净收益或边际成本即为最佳的庇古税税率，该税率水平可将外部成本完全内部化，即将外部成本转化为产生者自身承担的内部成本。

确定该税率水平需要了解边际收益、边际成本、污染损失等经济指标的实际数据，这类信息在现实中往往很难获取，并一直处于动态变化中。其根本原因在于被管制者存在虚报信息的动机，即经济学中常见的信息不对称现象在环境污染管理领域同样存在，因此现实中庇古税税率并不能保证准确。但由于实施庇古税可以明确起到减少污染物排放的管制目标，目前仍被世界各国广泛采用。

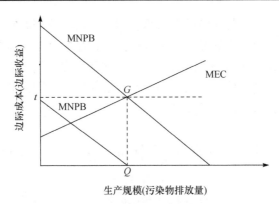

图 4-5　庇古税的税率

MNPB 为边际私人净收益，MEC 为边际外部成本。为实现帕累托最优水平，最优生产量或排污量应位于 MNPB=MEC 的交点位置 G，即庇古税的税率为 t

2. 产权理论

围绕产权的社会规则和法律制度是市场得以顺畅交易的重要基础和保障。在一个有效的财产权规定条件下，处于外部性的有关双方之间的权利交易，将会消除相关外部性，产生一个高效率的结果或均衡状态。而且，在有效的财产权条件下，资源配置最优效率状态或结果与具体的财产权规定无关。

而无法实现外部性的产权交易与交易成本有关。交易成本是指达成一笔交易所要花费的成本，也指买卖过程中所花费的全部时间和货币成本，通常包括传播信息、广告、与市场有关的运输以及谈判、协商、签约、合约执行的监督等活动所花费的成本，如商品或服务交易对象间的搜寻成本，取得交易对象信息与和交易对象进行信息交换所需的信息成本，针对契约、价格、品质讨价还价的议价成本及为此内部相关的决策成本，以及签订契约后的监督交易进行的成本、违约时所需付出的违约成本等。

如果外部性的制造者和受害者之间不存在交易成本，只要其中一方拥有永久产权，不管初始产权如何分配，都将会产生最优结果。也就是说，在交易费用为零的情况下，不管产权如何进行初始配置，当事人之间的谈判都会导致这些财富最大化，即市场机制会自动地驱使人们谈判，使资源配置实现帕累托最优。但不同的产权配置界定会带来不同的资源配置，产权调整只在效率提高时产生的效益高于交易成本时才发生。

产权定理提出了一个更为广泛的市场概念，这种市场主要建立在产权交易的基础上，可以不是一般的单纯物物交易，虽然产权通常依托的是有形的物品或服务。

在自然资源和生态环境质量保护领域，产权方法的主要实践意义包括以下几个方面。

（1）产权定理显示。如果达成协议没有交易成本或其他现实障碍，那么不管初始产权如何分配，都可通过谈判和协商获得效率结果。虽然大多数现实情况中，交易成本、偏见、沟通障碍等都可能形成阻碍，但产权定理仍为消除外部性提供了另一种视角的解决方法。

（2）对传统的产权制度进行再认识。在明晰产权，特别是所有权、使用权和收益权的基础上进行更有效率的资源配置和管理活动。例如，开放性资源的集体或共有产权可在确认所有权的基础上进行使用权的个人承包租赁等市场化资源利用方式改革，或在合理的收益权约定下引入社会中的私人资本进行公共物品的供给和经营等。

（3）界定排污权并创建市场，进行排污许可交易。在满足环境质量要求的条件下，基于污染物排放总量控制，确定排污者的环境容量使用权，即发放排污许可，并允许排污者在特定的市场上交易排污许可额度。

第四节　行动方案选择中对长期环境影响的忽视

现实中，无论是私人行为还是公共决策，都会在行动开始之前评估行动方案的可行性。通常，评估是从识别行动方案的成本和收益入手。当所得大于所失时，这一方案的可行性就获得了通过，这就是经济学评价行为和政策选择的基本原则。使用这一原则进行决策的基本方法称为费用-效益分析方法。

一、费用-效益分析方法

设 B 为行动方案的收益，C 为其成本，则当

$$B > C$$

$$B / C > 1$$

或是

$$NB = B - C > 0$$

这一行动方案可行，否则不可行。NB 为效益与成本和的差额，即净效益。这一类方法总称为费用-效益评价方法。

当行动或资源配置方案需要运行的时间较长时，效益和成本发生的时间就会有差别。为比较不同时间的效益和成本，需进行动态经济分析，不同时间的价值比较用贴现的方式来进行，而不考虑时间因素的分析称为静态经济分析。贴现可以较为客观地体现时间风险，未来的价值低于现在同样的价值，这是人们对货币的时间偏好。未来同样数目的货币值与现在的货币值相比，人们对其的价值评估是不同的，未来的收入在现在看来是低于实际数量的，即被贴现。在遵循指数形式的假设下，考虑贴现的动态经济评价指标及其计算公式如下：

1. 经济净现值和经济效益费用比

经济净现值（ENPV）是反映项目对国民经济净贡献的绝对指标。它是指用社会贴现率将项目计算期内各年的净收益流量折算到建设初期的现值之和。其计算公式为

$$\text{ENPV} = \sum_{t=1}^{n} (B - C)_t \times (1 + i_s)^{-t}$$

式中：B 为效益流量；C 为费用流量；i_s 为社会贴现率；t 为时间；n 为项目建设和运行总时间，通常以年为时间单位。

经济效益费用比（R_{BC}）是反映项目对国民经济净贡献的相对指标。其计算公式为

$$R_{BC} = \frac{\sum_{t=1}^{n} B_t \times (1+i_s)^{-t}}{\sum_{t=1}^{n} C_t \times (1+i_s)^{-t}}$$

当经济净现值等于或大于 0，经济效益费用比等于或大于 1 时，表示对拟建项目付出成本后，可以得到符合社会贴现率的盈余，这时就可以认为项目是可以考虑接受的。通常一个项目进行不同行动方案比较时，这两个指标越大代表行动方案越优。

2. 经济净现值率

经济净现值率（ENPVR）是项目净现值与全部投资的现值的比值，即单位投资现值的净现值，是评价资金使用效率的重要指标。其计算公式为

$$ENPVR = \frac{ENPV}{I_p}$$

式中：I_p 为投资现值。该指标计算结果越大，表示资金的利用效率越高，在不同项目之间进行选择时也可以利用该指标进行判断。

3. 经济内部收益率

经济内部收益率（EIRR）是反映项目对国民经济净贡献的相对指标，它是项目在计算期内各年经济净效益流量的现值累计等于零时的贴现率。计算公式为

$$\sum_{t=1}^{n} (B-C)_t \times (1+EIRR)^{-t} = 0$$

式中：$(B–C)_t$ 为第 t 年的经济净效益流量。

判断项目是否可行时考察内部收益率非常必要。净现值、效益费用比及净现值率等指标的计算公式中项目计算期、各时间点发生的费用、效益等基础数据，虽然存在一定的不确定性，但相对较为客观。而贴现率则存在很多争议，每个人在不同的经济活动中对贴现率的估值都可能不同的，这与个人的时间偏好、投资收益预期等因素有关。市场贴现率的高低由市场机制中对货币的供需关系及中央银行或其他管理机构的货币政策决定，通常是波动的。金融市场中存在各种利率水平，根据资金额度、占用时间、通货膨胀水平及使用风险而有所不同。市场利率被认为是货币供给量与需求量达到均衡时的货币市场均衡价格，借此实现资金在现在和未来之间的流动。市场利率反映了资金的机会成本，较为常见的衡量机会成本的指标是将资金存入银行获得的利息。如果利率水平相对较高，特别是当投资得到的收益低于储蓄带来的利息时，人们进行储蓄的意愿就会更强。

贴现率取值不同，对同一项目的评价结果可能发生变化。如图 4-6 所示，贴现率变化可能导致可行的评价结果变为不可行，内部收益率 i^* 即为净现值为 0 时的贴现率水平。实际采用小于 i^* 的贴现率时项目是可行的，如贴现率为 i_1 时净现值是正数；反之，实际

采用大于 i^* 的贴现率时项目是不可行的，如贴现率为 i_2 时净现值是负数。

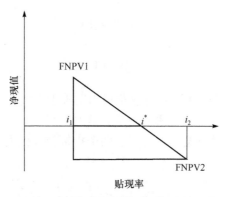

图 4-6　贴现率对评价结果的影响

　　在公共决策中推荐采用的是社会贴现率，也称基准贴现率，多是由权威经济研究机构或经济管理部门根据投资收益水平、资金机会成本、资金供求状况等因素定期核算和发布的，其数值相对客观和稳定，多用于公共项目或重大、长期项目的评估。当内部收益率与社会贴现率的数值较为接近时，净现值可能会随着社会贴现率的微小波动而发生根本性的正、负变化，即项目可能由可行变为不可行，或由不可行变为可行，即内部收益率可用于评估贴现率的敏感性。

　　以上三种指标在进行建设项目和公共决策中都起关键性作用。这三种指标及衍生出的其他指标的综合应用还可进行项目或对策的总体可行性评价、单个项目中互斥运行方案优劣比较和实施不相关项目的重要性排序等。

二、环境物品价值：费用和效益核算中的缺失

　　由于环境物品在市场中的交易缺失、困难及外部性等问题，其数据的收集、偏好的评估、结论的公正性仍是需要公众和决策者充分认识和认可的具有争议性的领域，一般的决策过程，环境物品并不能作为费用或效益进入货币化定量评估过程，往往只能定性描述。与其他市场中货币化的费用和效益相比，环境物品经常被有意或无意地忽视，除非有明确法律法规保护的环境物品才会被考虑。大多数环境物品在缺乏费用和效益的定量评估结论时，只能被定性为较低的风险，受到的后续关注和实际应对行动也较为空泛。

三、时间的影响：对环境和未来的忽视

　　动态经济评价中贴现的计算方法会降低项目长期投资的吸引力，这是人们对时间风险的正常反应，在市场机制中有利于资源的有效分配和流动。随着时间的增加和贴现率的增大，未来价值的现值在指数形式下就减少得非常快。100 元在不同时期、不同贴现率下的现值计算结果如表 4-1 所示，40 年后的 100 元在 10% 的贴现率水平下在今天看来几乎不存在价值，而在目前短期的利率波动中，10% 并不是罕见的高利率水平。这也说明项目设计中 10 年周期以上的项目会很大程度上不被考虑。而环境问题的表现和影响通常是滞后的，有些如气候问题甚至会滞后几十年到上百年，而高贴现率意味着今天做出

的节能行动对于未来资源保护行为变得不那么重要。当很长时间之后才可以获得收益时，采用贴现计算方式的经济学评价通常降低了该投资活动的价值。

表 4-1　100 元在未来年份不同贴现率下的现值（元）

时间/年	贴现率/%			
	2	5	8	10
0	100	100	100	100
10	82.03	61.39	46.23	38.55
20	67.30	37.69	21.45	14.86
40	45.29	14.20	4.60	2.21

　　个人和政府在运作项目时都会进行成本和收益的比较，当项目周期较长时，同样会采用净现值等动态经济评价方法来评估和选择。考虑到时间因素，私人项目的贴现率一般以当时的金融利率作参考。例如，当个人想购买一款节能电器或企业想贷款做一项设备节能改造时，只需考虑未来节约的能源消费现值是否高于今天为此多付出的成本，由于是个人真实的支出，因此完全可以只以金融利率作为贴现率来计算现值。个人或企业是无法长期承担负的净现值的。但政府不同，政府的资金主要来源是税收，相对于项目是否赢利，民众的福利和意愿更重要，此时成本收益分析中虽然考虑了更多的无法通过市场实现的价值，但仍会采用同样的动态经济评价方法进行项目择优和排序，只是此时多采用经过校正的社会贴现率或基准贴现率，特别是资源、能源和环保部门，通常会使用相对更低水平的贴现率，以规避高贴现率对未来的影响。

　　虽然未来具有不确定性，大多数人在个人生活中仍在不断规划未来，包括现在的消费、财富的积累、对未来消费的预期，甚至包括为后代遗留财产的意识。对整个人类来说，选择"既能满足当代人的需要，又不对后代人满足其需要的能力构成危害的发展"模式已取得社会共识。总之，无论是个人还是社会，都要在今天和未来之间进行跨期的资源和能源利用、生产及消费决策，时间的影响就显得非常重要。将资金用于环境保护或减少资源使用量更多的是为了未来、子孙后代的价值和效用服务，未来越遥远，经济领域评价效果越差。

专题 6　金融——在预期未来中获利

　　金融的本意是资金的融通或流动。人类社会将货币作为财富的主要保有形式，随着财富的积累就有了资金的盈余，而随之可进行资金的供给。作为资金供给和需求之间的中介，银行等金融机构采用利率制度均衡借贷关系，这就使得资金与市场机制中的其他商品和服务一样，以利率为价格进行资金市场的均衡调整。

　　银行等金融机构最基本的交易活动通过储蓄和贷款之间的利率水平差获利。时间是对利率水平影响最大的因素之一。无论是储蓄还是贷款，利率水平都与时间的长短有明确关系。核算方法也多采用复利，即指数计算方式。

　　如今，保险、股票、期货等金融衍生工具已被大家了解并熟知。金融产品的设计大多基于人们对未来和风险的预期：担忧风险或希望未来有一定保障时可以选择保险；而能承受风险并对自己的预期有信心时可以选择股票、证券、期权、金融合约和产品……这些产品都可以用来验证预期：当风险没有发生时就白白缴纳了保险费，如果发生了风险就有了一定的保险保障；在金融产品中如果预期正确可以赢利，预期错误则会亏损。对未来预期特别有信心的人还可能使用高倍金融杠杆，其赢利和亏损都比自有本金高得多，亏损的严重后果可能引发整个金融市场的震荡甚至波及实体市场。

但金融市场并非乐土，失败者恒有，金融危机也在金融发展史中多次爆发。传统的金融衍生品市场是一种买空卖空、不产生社会价值的博弈活动，目前发现商品和资源未来真正价值的作用越来越强大，对实体经济的影响也越来越显著。

总结和思考

自然资源和适宜的生态环境质量均呈现出一定的稀缺性，但在经济学理论和经济系统运行过程中，稀缺性并没有得到很好的呈现，它们没有同其他商品或服务一样得到有效配置。在市场机制中自发完成的环境物品交易相对稀少，环境物品市场缺位、交易困难，技术外部性则产生了外部成本和外部收益、项目决策中忽视了环境问题和后代的利益……环境物品在市场机制中的表现是失灵的。

当市场自主运行存在的各种障碍使得环境问题越发严重时，人们会对市场机制进行干预。进行人为干预时，需要对经济系统的运行规律有充分的认知，并有针对性地应用经济学理论及技术方法来理解环境问题。庇古税和产权定理是目前世界各国在进行环境管理时应用较为系统的两大环境经济学基础理论，分为将外部性影响内部化和为环境物品构建交易基础两个方向来解决环境问题。脱离市场机制和经济学来理解和解决环境问题无疑是很困难的。

思 考 题

1. 什么是私人物品和公共物品？它们各有哪些特性能保障或限制其在市场中的交易活动？
2. 怎么理解环境物品或者说人们怎么使用环境物品？环境物品如何对人类产生效用？
3. 环境物品有哪些属性和特点使其无法在市场中顺畅交易？
4. 什么是产权？对产权实施完全的保护需要哪些条件？产权需要具备哪些属性来保障交易？
5. 目前世界上产权的形式有哪些？
6. 什么是"公地悲剧"？什么样的产权制度容易引发"公地悲剧"？
7. 为什么产权问题在很多情况下造成了环境物品在市场中交易困难？
8. 什么是外部性？外部性是怎样分类的？分别会引发怎样的结果？
9. 外部性对市场效率有哪些影响？
10. 为什么庇古税和产权理论可以作为校正外部性的依据和基础？你是如何理解这些理论的？
11. 人们通常怎么选择行动方案？费用-效益分析方法是怎么用经济指标进行选择的？
12. 在费用-效益分析方法中有哪些过程或特点影响了人们对环境物品的判断和决策？

参 考 文 献

彼得·伯克，格洛丽亚·赫尔方. 2013. 环境经济学. 吴江，贾蕾，译. 北京：中国人民大学出版社.

查尔斯·D 科尔斯塔德. 2016. 环境经济学. 2 版. 彭超，王秀芳，译. 北京：中国人民大学出版社.

房春生. 2017. 环境影响评价. 长春：吉林大学出版社.

科斯 R，阿尔钦 A，诺斯 D. 1994. 财产权利与制度变迁：产权学派与新制度学派译文集. 刘守英，等译. 上海：上海三联书店，上海人民出版社.

克尼斯. 1989. 环境保护的费用-效益分析. 章子中，王燕清，译. 北京：中国展望出版社.

马中. 2019. 环境与自然资源经济学概论. 3 版. 北京：高等教育出版社.

邵颖红，黄渝祥. 2010. 公共项目的经济评价与决策. 上海：同济大学出版社.

汤姆·蒂坦伯格，琳恩·刘易斯. 2016. 环境与自然资源经济学. 10 版. 王晓霞，石磊，安树民，等译. 北京：中国人民大学出版社.

王华东，薛纪瑜，等. 1989. 环境影响评价. 北京：高等教育出版社.

约翰·C 伯格斯特罗姆，阿兰·兰多尔. 2015. 资源经济学：自然资源与环境政策的经济分析. 3 版. 谢关平，朱方明，译. 北京：中国人民大学出版社.

张五常. 2000. 经济解释：张五常经济论文集. 易宪容，张卫东，译. 北京：商务印书馆.

Barnett H J, Morse C. 1963. Scarcity and Growth: The Economics of Natural Resource Availability. Baltimore, MD: Johns Hopkins University Press.

Gaudet G. 2007. Natural resource economics under the rule of Hotelling. Canadian Journal of Economics, 40(4): 1033-1059.

Lin C Y C, Wagner G. 2007. Steady-state growth in a Hotelling model of resource extraction. Journal of Environmental Economics and Management, 54: 68-83.

Smith V K. 1979. Scarcity and Growth Reconsidered. Baltimore, MD: Johns Hopkins University Press.

第三部分 环境管理中的经济学

　　经济学的研究内容按实用性可分为实证经济学和规范经济学两个部分。实证经济学致力于解释我们周围的各种经济现象，进行关于经济事实和行为的分析，讨论"实际怎样"的问题。规范经济学则研究我们希望经济如何分配物品和服务，试图使用经济学工具设计政策来对市场进行干预，如公共政策价值判断、目标等问题，即考虑"应该怎样"的问题。对于环境物品和环境问题，实证经济学的研究告诉我们市场机制存在种种困难和障碍，市场失灵的结果是无法对稀缺的环境物品实现有效的资源配置。解决环境问题需要公共政策进行干预时，就需要规范经济学的介入。规范经济学应用于环境管理，能帮助我们用一定的经济理论和技术方法了解社会到底需要什么样的环境质量、如何将环境物品进行价值判断并引入建设项目和公共政策决策、怎样进行政策干预效率的总体评价等。环境经济学从环境问题的管理和解决角度被看成是实证经济学与规范经济学相结合的应用经济学分支。

　　在环境保护和可持续发展得到社会广泛认可的今天，简单地讨论是与非或优与劣并不能满足环境问题的管理要求。生态环境资源及环境问题的管理中，自然科学进行资源利用技术，人类排放的各种废弃物浓度和总量上的毒理作用及在自然界的迁移转化规律，污染治理技术，大气、水、声、土壤等要素的环境容量，人类对废弃物和环境条件的生理承受程度及生态平衡，生态安全等问题的基础性研究，而环境经济学解决的基本问题主要有两个：一是如何在生态环境资源的保护和使用中达到适当平衡；二是如何规范或激励人们的行为使其在适度的范围内，以减轻资源滥用和污染等的环境问题影响。由于环境管理的对策和措施通常会影响所有人或者至少一部分人，而人们对环境问题的价值判断是有差别的，为此改变生活方式和行为时在不同人群中如何进行成本和利益的分摊也存在着巨大的争议，这就是环境经济学在环境管理领域具有重要作用和影响的原因所在。

第五章　衡量环境物品的需求：价值评估

当环境物品不能通过市场实现有效的资源配置时，政策的干预纠正对策就得以介入，管理者需要衡量实施策略和措施后获得的成果与社会付出的成本相比是否对等。虽然环境物品在市场中的表现是失灵的，但在核算成本和收益时，仍然需要借鉴人们熟悉和客观的市场价值认知方法，来了解与市场中商品和服务显现的货币化价值相比人们是如何认知环境物品价值的。环境经济学秉承经济学实用性的特点，认为对环境物品进行价值的货币化衡量极其必要，这将是管理者实施环境保护对策强有力的依据，进而通过更高的收益来取得社会和民众的支持。

第一节　环境物品的需求

传统市场中，消费者偏好理论通过需求函数来衡量消费者对物品和服务的需求并核算消费者剩余。市场总需求曲线即所有消费者的单个需求曲线的加总，这样就可以分析整个市场对某种产品的总消费量，结合供给曲线分析该产品在竞争市场上的供给规律，就可以进一步分析税收、管制等政策干预下的影响和结果。当大多数的环境物品在市场中不存在价格时，需求曲线就无法通过一般的市场调查来获得。衡量环境物品的价值进而探讨人类社会对其的需求就成为环境经济学重要的研究内容之一。

一、环境物品的价值

度量环境物品的需求之前先对需求的价值来源有所了解和分类，价值在经济学上的分类一般与人们从环境物品中的获益方式和感知损害有关。由于性质和功能的特殊性，环境和生态资源的总经济价值（TEV）一般被分为使用价值（UV）和非使用价值（NUV）两个部分，使用价值又被分为直接使用价值（DUV）、间接使用价值（IUV）。同时，经济学中还考虑了环境物品的选择价值（OV），即

$$TEV = UV + NUV + OV = (DUV + IUV) + NUV + OV$$

使用价值是指当某一物品被使用或消费时，满足人们某种需要或偏好的能力，是与产品消费价值直接相关的传统概念。直接使用价值是指环境物品直接满足人们生产和消费需要的价值，如人类直接消费的食品、其他可用于生产和娱乐或促进健康的各种生物及非生物资源的直接利用等体现出的经济价值；间接使用价值包括从环境所提供的用来支持目前的生产和消费活动的各种功能中间接获得的效益所体现的经济价值，如水土保持、小气候调节、营养循环、能量转化等生态功能，防风固沙、吸收分解转化有毒有害

物质等灾害或损害的防护功能等。与直接使用价值相比，间接使用价值多数不消耗实体资源或并不直接参与经济生产过程。

非使用价值相当于生态学家所认为的某种物品的内在属性，它实际上是指人们并不使用某个物品时的效用，这些效用来自遗赠动机、同情动机和利他动机，其主要形式为存在价值、遗赠价值。典型的存在价值是指消费者从某些环境物品存在的信息中得到了效用，而遗赠价值则是指消费者本人并未获得效用，但是从继承者或他人的效用改善中获得满足感。日常生活中这一类价值最典型的例子是博物馆中价值各异的收藏品，在环境物品的价值体系中也可观察到类似的情况。地球上整个生态系统中关注和保护生境或生物物种也大多基于这两种价值，而对物种的保护除遗赠动机外，更多的则是出于同情动机。从某种意义上说，非使用价值是人们对环境物品价值在精神层面甚至道德上的评判。

选择价值又称期权价值，选择价值同人们愿意为保留某些环境物品以备未来之用的支付愿望的数值有关，有时也被认为是为了避免未来风险而今天愿意为此承担的保留成本。对于环境物品的使用价值来说，在具有直接使用价值和间接使用价值的等物质和功能的使用基础上，期权价值所要体现的是时间的差别使用，即将来或后代的期望使用和未来可能的新开发功能使用所体现出的不同价值。当可能使用的时间在经济学核算中相对较为长时，在贴现率影响下的资源和项目都可能由此而产生新的直接使用价值或非直接使用价值，即使是一块现在还完全不具有任何经济价值的荒地。

环境物品价值的主要来源分类如图 5-1 所示。

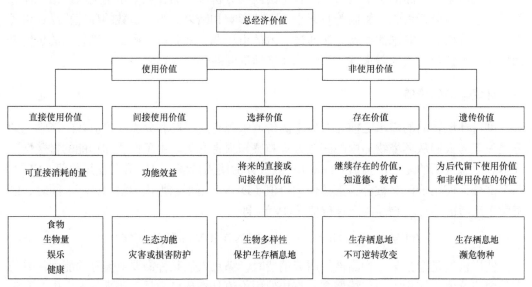

图 5-1　环境物品的总经济价值

世界上存在着不同的文化、宗教及区域习俗，一部分人群对环境物品的价值认知可能让另一部分人群感到很难理解，特别是对于非使用价值部分，但人们仍能够对环境物品达成上述价值来源的分类共识，只是在价值的具体数值评估上存在较大争议。例如，对于分布在热带地区的热带雨林，其价值组成中食物、木材、药材、休闲娱乐、生物多样性、基因库、环境教育、文化意义等直接使用价值、间接使用价值及存在价值等均得到了广泛的认可和支持。同时，人们对热带雨林的使用价值和非使用价值认可度越高，其选择价值或期权价值得到的肯定度也越高。

二、环境影响

对应使用价值和非使用价值的分类系统，环境物品影响人类的主要途径也可以被分成直接影响和破坏生态系统的间接影响两类。

人类很容易感知直接影响并会采取适当的行动予以消除或规避。当大气中 PM$_{2.5}$ 浓度超出大气环境质量标准时，经过生物学家和医学家的研究，我们知道它会对人体的呼吸系统、血液循环系统造成损害进而影响健康，能见度的降低影响视野和交通安全，如果可能人们一定会致力于去除它，尽管可能有些影响并没有实质性损害。生产中，含酸性或碱性污染物的河水或湖水损坏工厂的取水管道和生产设备，需要增加净化成本；生活中，当住宅离公路较近时，人们会为住宅加装双层玻璃以减轻噪声的影响。而破坏自然生态系统的影响在很多情况下则不易评价。畜牧业、林业和渔业是直接获取经济效益的人工生态系统，破坏这类生态系统会直接影响相关产业的产出，这类影响是明确的，但对自然生态系统结构和功能的影响在很多情况下是不确定的。某种生物物种的灭绝对人类的影响到底是什么？大面积的森林被砍伐后的土地用于建设人类的住宅，森林生态系统功能的丧失如何精确评价？这些领域价值评估的重要性是无疑的，但也极有争议。人们对环境物品影响的感知和应对行动不同，价值评估结果也会不同。

表 5-1 将环境问题分为绿色（自然资源）、棕色（污染问题）、蓝色（水资源问题）及全球环境问题四类，并从生产率、健康、舒适度和存在价值等四个方面对环境问题影响进行了初步的分类总结。例如，森林砍伐不仅会使森林的直接产品和服务价值减少，影响生产率，还会由于吸收 CO$_2$ 及其他有害气体净化空气功能减弱而影响健康，同时改变了风景和相对湿润温和的气候条件而影响生活舒适度，此外还会影响森林中植物和动物及森林资产本身的存在价值。

表 5-1　常见环境问题及其影响

环境问题	生产率	健康	舒适度	存在价值
绿色（自然资源）				
土壤侵蚀和肥力	√		√	
土地退化	√			
荒漠化	√			√
盐碱化	√			
森林砍伐	√		√	√
生境的丧失（如湿地）	√		√	√
野生生物	√		√	√

续表

环境问题	生产率	健康	舒适度	存在价值
有限资源的耗竭	√			
棕色（污染）				
空气污染	√	√	√	
水污染	√	√	√	
危险废物	√	√	√	
交通堵塞、噪声	√	√	√	
蓝色（与水有关）				
地下水损失和污染	√	√	√	
地表水污染	√	√		√
海洋环境	√			√
过度捕鱼	√			√
全球				
全球变暖、臭氧层破坏	√	√	√	√
生物多样性破坏、物种减少	√		√	√

三、衡量环境物品需求：价值评估方法框架

基于环境物品在市场中的缺失和失灵表现，我们只能采取间接的方法获取需求和价值评估的信息。其基本方法分为两类，即显示性偏好法和陈述性偏好法。

（1）显示性偏好法是通过市场对环境问题的真实反应和选择，推断出人们对环境物品的权衡取舍，进而评估需求。当环境问题影响了生产率和健康时，人们会采取相应的对策来应对以减轻影响，如人们会选择购买绿化率和区域环境空气质量更好的住宅、非污染地区的食品甚至是有机或绿色食品、生产和购买废气排放率更低的交通工具……这一类市场行为是主动选择的。但有些情况下特别是损害已经或正在发生时，这种选择则是被动的。例如，当环境损害已影响健康时人们不得不承担医疗费用和劳动收入损失；大气、水、土壤等环境要素受到污染降低了产品的品质时只能追加生产成本或产品降价出售等。

显示性偏好中，被动的行为在市场中更多地直接表现为成本的增加或收入的损失，衡量其价值的技术通常称为直接市场评价法，如生产率损失、疾病损失或人力损失等价值核算技术方法。而主动的行为可以从市场中产品价格或需求量中表现出的环境物品特征和影响来核算其价值，这一类技术通常称为间接市场评价法或揭示偏好法。例如，从房地产价格差异或工资价格差异，以及人们去公园或自然保护区的旅行费用中分解出环境质量或相关环境物品的边际价格和需求量，从而建立市场需求曲线来衡量其价值的技术方法等。

（2）陈述性偏好法是从消费者一方直接获取需求信息的方法，一般通过设计有关环境物品的假想市场，采用调查方法来获取消费者对环境物品的价值评价。由于没有实际市场存在，无法观察消费者的实际行为，只依赖于口头陈述来确定需求曲线，因此称为陈述性偏好法，主要的评估技术是条件价值评估，即以"假设有一个环境物品市场存在的条件下，你打算用什么价格交易这个环境物品，交易数量是多少"的问题为调查核心的调查评价方法。该方法对于非使用价值来说，特别是存在价值、遗赠价值，是非常有效的评估方法，对于可采用显示性偏好价值评估技术的环境物品来说则补充了其在非使用价值评估方面的不足。但陈述偏好法不存在真实选择和实际行为，易受到多种偏差条件影响，在客观性上争议很多。

四、支付意愿和受偿意愿的差异

传统的需求曲线是将需求量作为价格的函数，而在上述环境物品价值评价方法中，大多得到的是消费者对于特定数量的环境物品愿意支付的货币量，是总支付意愿（WTP），边际支付意愿近似等同于价格，即增加一单位该环境物品时消费者愿意支付的货币量。

而环境物品还存在另一个特别之处，即环境厌恶品（如噪声）或环境质量的下降。通常做法是为此对消费者进行赔偿，赔偿金额的确定也可以采用条件价值评估技术获得。与询问"价格和需求"类似，此时的问题一般是"愿意接受多少赔偿"，得到的就是接受赔偿意愿，即受偿意愿（WTA）。边际受偿意愿与边际支付意愿类似，同样可以近似表达环境物品的价格。

专题 7 支付意愿与接受赔偿意愿的差异

当同时对一个环境物品进行支付意愿和接受赔偿意愿调查时，多数情况下支付意愿会低于受偿意愿。经济学理论认为对于大多数市场中的物品，由于价格信息很容易获取，二者之间的差异通常很小。但很多环境经济学及微观经济学的实验研究结果中环境物品的接受赔偿意愿远高于支付意愿。

环境经济学家通常从两个方面来解释这一现象：一是进行 WTA 与 WTP 调查的环境物品在实际市场中缺乏有效的替代品，首先要虚拟市场情况，被调查者没有现实的价格参考数据；二是根据心理学中的禀赋效应和行为心理学中的"损失厌恶"理论，人们一旦拥有某项物品，那么他们对该物品价值的评价要比未拥有之前大大提高，一定量的损失给人们带来的效用降低要多过相同的收益给人们带来的效用增加，因此人们在决策过程中对"避害"的考虑远大于对"趋利"的考虑，于是在接受赔偿意愿的衡量中要求更高。

现实中还有道德、初始权状态、实际支付与赔偿方式等诸多因素会影响二者之间的差异。通常在设计环境物品的虚拟市场时，其状态与实际市场或市场中的一般物品越接近，WTA 与 WTP 的差异就越小。

第二节　显示性偏好的非市场估值方法

显示性偏好侧重于观察实际存在的市场。当环境影响可以被市场直接表现为成本的增加或收入的损失时，采用直接市场评价法更为简单和直观。揭示偏好法（revealed preference approach）则通过人们受到环境影响后的实际行动来揭示其内在偏好。但无论是观察市场反应还是基于人们的实际行动，显示性偏好法通常用于有使用价值的环境物品。

一、直接市场评价法

直接市场评价法是最直接的估值方法，它是通过观测环境的实际变化并估计其对商品和服务价值的影响来评估行动或环境质量变化的价值。一般可分为以下三个基本步骤。

（1）识别环境质量变化或环境影响的因素和水平。

（2）估计环境影响的后果和范围。

（3）估计收益或成本的变化的市场价值。

以一片 $100hm^2$ 的农田周围特定区域的被砍伐的森林为例。假设只考虑森林水土保持生态功能的丧失，这一变化影响农田的生产率水平，即农作物减产。按照直接市场评价法的评价步骤，首先识别出变化的环境因素为森林水土保持生态功能的丧失，这一变化导致周边农田种植的玉米作物减产。估计该事件的影响范围为 $100hm^2$ 的农田，减产水平为 $750kg/hm^2$。最后估算收益损失的市场价值，如果当年玉米的市场价格为 2.0 元/kg，则估算的市场价值为

$$750 \times 100 \times 2.0 = 150000元$$

在上述方法步骤中，评估环境变化给受影响者造成损失的物理效果，建立环境损害（反应）和造成损害的原因之间的因果关系，或评价在一定的污染水平下产品或服务变化的剂量-响应关系是非常重要的，即剂量-响应关系的确定是直接市场评价方法的数据基础。

剂量-响应关系通常是通过实地研究、受控实验、统计回归分析和依据实际信息建立关系模型的方法确定的。例如，实地观察石油泄漏对当地渔业生产造成的影响，实验室设计单因素或多因素试验研究酸雨及其化肥、农药等对小白菜等绿叶蔬菜的产量和营养成分损失的影响，大气、水、噪声等环境污染对动物生理影响的受控实验，根据坡度、降水量、土壤类型、植物种类等建立的土壤侵蚀方程等，均是对受环境因素或环境质量变化影响的对象、效果和范围进行的科学研究，是直接市场评价法的内因依据和数据计算基础。

根据剂量-响应关系研究结果，直接市场价值评价通常用于生产过程的收益或损失、人类健康的价值评估。当剂量-响应关系的研究结果并不明确时，常见的评价方法包括生产率变动法、人力资本法、机会成本法等。

1. 生产率变动法

生产率变动法也称生产函数法或损失函数法，其基本原理是认为环境变化可能通过生产过程影响生产者的产量、成本和利润，或是通过消费品的供给与价格变动影响消费者的福利。例如，通过治理污染改善一条自然河流的水资源质量后，可能带来新的养殖业（养鱼）、捕鱼业等行业发展的机会、观光和游览等休闲活动经营活动的可能、灌溉用途中农产品品质提升的高收益等，与水质改善前农业、渔业生产相比，变化前后净效益的差别即可作为治理该河流水污染的价值评估。其理论计算方程为

$$V_E = \left(\sum_{i=1}^{k} p_i q_i - \sum_{j=1}^{k} c_j q_j \right)_y - \left(\sum_{i=1}^{k} p_i q_i - \sum_{j=1}^{k} c_j q_j \right)_x$$

式中：V_E 为环境因素或环境质量由 x 状态变为 y 状态的净效益；$i = 1, 2, \cdots, k$ 指产出种类；$j = 1, 2, \cdots, k$ 指对应产出的投入种类；p 为产出价格；c 为产出成本；q 为产出数量。

该方法将环境质量或环境因素作为经济活动的一个重要影响要素，当这种变化与产出的剂量-响应关系没有确定的量化结果时，该方法则通过不同环境要素状态下的生产率变化，影响产出的成本和产量，这种变化的价值评估通过净效益变化来核算。

市场反应通常情况下是十分复杂的，必要时应考虑价格的变化。面对环境因素或环境质量变化，生产者和消费者一般会采取应激措施来消除不利影响，利用或扩大有利条件。生产者可能会减少对污染敏感的农作物的种植面积，改种其他品种；而消费者一旦获得农作物受污染的信息，就会做出减少购买或购买替代品的市场行为。这两种适应性变化在计算农业生产的收益方面是反向变动的，生产者行为的目的是减少收益损失，消费者减少购买的行为则会加大农业方面的收益损失。

2. 人力资本法

人力资本是指体现在劳动者身上的资本，它主要包括劳动者的文化知识、技术水平以及健康状况。在人力资本法中，个人被视为经济资本单位，其收入被视为人力投资的一种回报或收益。在分析社会和个人从教育或培训中所获得的收益时，通常会使用人力资本这一概念。环境经济学中的人力资本，主要指环境质量变化对人体健康产生影响而导致的个人收入损失，即把人类因环境问题而受到的健康影响归结为劳动力这种生产要素受到的损失。更为全面地考虑健康影响时，医疗费用的增加、得病或过早死亡而造成的收入损失以及精神或心理上承受的受损代价而降低的福利水平也应包括在内。

该方法在应用时的具体步骤如下。

（1）识别环境中可致病的特征因素（致病动因）。即识别出环境中包含哪些可导致疾病或死亡的物质或因素。

（2）确定致病动因与疾病发生率和过早死亡率之间的关系。识别致病原因及其与疾病发生率和过早死亡率之间的关系属于医学范畴，建立在病例分析、实验室实验和流行病数据资料分析的基础上。

（3）评价处于风险之中的人口规模。评价处于风险中的人口规模或确定致病动因的

影响区域涉及建立污染扩散模式,特别是要界定总暴露人口中对风险特别敏感的人群(如老人、婴幼儿、特定疾病患者等)。

（4）建立发病率与环境质量之间的剂量-响应关系。

（5）估算由疾病导致缺勤所引起的收入损失和医疗费用。对疾病所消耗的时间与资源赋予经济价值。

$$I_c = \sum_{i=1}^{k} (L_i + M_i)$$

式中：I_c 为由环境质量变化导致的疾病损失成本；L_i 为 i 类人由于生病不能工作所带来的平均工资损失；M_i 为 i 类人的医疗费用（包括门诊费、医药费、治疗费等）。

（6）估算过早死亡的影响。根据边际劳动生产率理论，人失去寿命或工作时间的价值通常等于个人劳动的价值。一个人的劳动价值是他未来收入的贴现，考虑年龄、性别和教育等因素，核算形式有多种，如采用如下的计算公式：

$$V_x = \sum_{n=x}^{\infty} \frac{(P_x^n)_1 \cdot (P_x^n)_2 \cdot (P_x^n)_3 \cdot Y_n}{(1+r)^{n-x}}$$

式中：V_x 为估算 x 年龄后的人力资本价值；$(P_x^n)_1$、$(P_x^n)_2$、$(P_x^n)_3$ 分别为第 n 年的存活、有劳动能力、有劳动收入的概率；r 为贴现率；Y_n 为第 n 年的劳动收入。

（7）根据（5）、（6）的疾病和过早死亡的价值估算结果评估总经济价值，即

$$V = I_c + V_x$$

人力资本法备受争议。除方法本身应用的数据存在同样的模型难以建立、市场本身的结构和发展的影响外，由于直接核算的对象是人，很显然会存在个体差异。劳动力和医疗保健市场是最受人类个体影响的市场，同时还受到政治体制、社会风俗及群体习惯行为的影响。于是，该方法的应用困难相对较多，如通常致病动因是难以被单独辨析的；剂量-响应关系难以建立；个体之间的差异影响不容忽视（同样的发病情况可能来自非环境质量变化原因，如遗传、基因等的影响），这些影响难以从模型中剔除；在医学领域普遍存在价格扭曲现象，特别是诊疗费用、药品价格等。

人力资本法获得的结果与个人支付意愿没有直接的联系，并不是一种真正的效益度量方法。虽然一个人不能支付比他收入更多的钱来避免某种死亡，但根据人们对"预期寿命"微小提高的支付意愿就可以推断出人们对自己生命价值的估计可能是预计收入现值的数倍，因此该方法不过是一种"统计学上挽救生命的价值"。同时，政府的污染控制行动通常是在污染发生和被识别之后，但事前也不是完全没有的。事前行动的主要目标是预防和减少各类人群的健康影响和死亡风险，但数据的滞后性使得这种概率变化在计算中会产生一定的偏差。

此外，当简单地使用劳动收入指标作为核算价值的基础指标时，无收入者（儿童、家庭主妇或无退休金的老人）的价值会被明显低估。

3. 机会成本法

环境物品在利用方式的选择中通常面临着时间或机会上的互斥关系，选择了其中一

种就意味着失去了其他的可能性，因此人们经常需要做出选择，即将相对稀缺的资源配置于哪一类产品与劳务的生产，满足人们哪一方面的需求。经济学中用机会成本这一概念来衡量人们放弃的选择。当进行环境物品的价值评估时，利用市场中可估算的利用方式所取得的收益来衡量低价格甚至是无价格的自然资源和其他环境物品，是可行的直接市场评估技术方法之一。当可选择的其他行动方案有多个时，通常将在这些行动方案中可获得的最大经济收益称为该行动方案的机会成本。决策者或公众依此来进行自然资源是否具有这样的价值或是否值得为保护该资源而放弃这些收益的选择。很显然，该方法采用较为客观的市场价值作为参考和对比，并将选择权留给公众和决策者，相对于直接市场评估技术更简便易行，可接受度相对也较高，因此该方法通常作为其他评估技术方法的补充或参考。

直接市场评价法目前已被应用于以下问题和领域：水土流失对农作物产量的影响和下游泥沙淤积对流域内其他用户的影响；酸雨对作物和树木生长的抑制和影响，以及对材料设备的腐蚀作用；空气中粉尘或其他有害物引起的空气污染对人类健康的影响，水污染对人类健康的影响，如以水为载体通过水库和灌溉系统传播的疾病的影响等；不完善的排水系统和积水导致的农田盐碱化，产生的降低作物产量的影响；造林计划对气候和生态系统的影响；土地用途改变引起的变化，如将自然生境区改作农场或牧场引起自然作物的损失影响；矿山、废物处理场等特殊源排放的重金属和其他化学遗留物在土壤和地下水的沉积的影响，等等。

综上，直接市场评价法特别适用于由环境变化直接引起的产品（或服务）成本或产出的变化，这些变化可观察且可量化，同时市场功能完善，价格等经济参数能准确反映经济价值。即受影响的这种产品（或服务）是市场上已有的，或有市场前景的，或在市场中有相似的替代品。

直接市场评估类技术是环境物品价值估值技术中使用最广、最易于理解的估值手段。大多数的估值研究，特别是在发展中国家的相关研究大部分都在依赖这种技术方法。该技术方法以观察到的市场行为为依据，并且其重点放在有可能计入国内生产总值和企业、家庭的预算和产出上，容易被社会大众和决策人员所理解和接受。

直接市场评估类技术在应用时也有一定的局限性。首先，剂量-响应关系通常由于实际因果关系复杂、数据不易获取、实验室研究中假设条件限制等存在一定的误差和不确定性；其次，市场经济运行情况相对复杂，经济数据有效性、发展中国家市场机制不健全和发育不良等因素对评价结论影响较大，如在发展中国家的相关研究中不可避免地会参考发达国家已有的参数研究结果和数据资料，不同区域间模型和数据的适用性与参考性问题存在差异；最后这类技术虽采用市场方法，但在市场中并不是真实存在的，直接采用市场方法评价可能会被决策者和公众认为价值被低估或市场影响后果并不被认可。

专题 8　水土流失的直接市场评价法

侵蚀土壤肥力的水土流失问题会降低作物的产量，对农业生产不利的损失情况可以采用直接市场评价法进行核算。核算步骤如下。

（1）估计水土流失的程度和范围。土壤学家分析研究了土壤侵蚀的一般规律，并总结为土壤侵蚀方程，土壤侵蚀被认为与降水量侵蚀性、土壤可侵蚀性、地形和植被管理等四个因素有关，经典的土壤侵蚀模型为美国科学家 W.H.Wischmier 结合美国 8000 多个土壤侵蚀实验观测点资料统计总结提出的 USLE 方程，其基本形式为

$$A = R \cdot K \cdot S \cdot L \cdot C \cdot P$$

即以土壤可蚀性为基础（单位降水侵蚀力的侵蚀量），将坡面土壤侵蚀量（A）表示为降水侵蚀力（R）、土壤质地与结构（用野外或室内实验求出的该土壤的质地及其渗水速度值得到 K 值）、坡度（S）、坡长（L）、植被盖度（C）、田间工程保护措施和土壤耕作措施（P）等因子的乘积。目前该类模型已取得长足发展，可考虑更多的自然循环过程、更大的区域和流域范围，包括更本土化的参数，结果也更加科学可靠。

（2）估计土壤侵蚀对农业生产率的影响。实际研究结果表明，在一定程度之内的土壤侵蚀对生产率的影响很小，但连续多年的水土流失必将影响生产率及下游地区的泥沙淤积。而当土壤减少到一定深度后，土地将失去生产价值。部分研究结果显示，美国每立方米的土壤侵蚀造成每公顷玉米减产 30～260kg、小麦减产 21～54kg。

（3）将农业生产损失转变为经济价值。最直接的方法是用农作物的现行市场价格乘以产量实际损失量。此外，还有一些相应的市场变化需要进行影响分析，如市场价格随着减产是否会发生变化、农民是否会在预计减产时采用施用更多的化肥或灌溉更多的水量等规避措施、减产是否会引起下游畜牧业饲料成本上升的收入损失等。

在西非马里共和国的一项水土流失研究中，采用卫星图片观测数据确定 USLE 方程的本地化参数、相邻国家尼日利亚曾进行的一项实验数据被用来估算水土流失与当地农作物产量损失的关系。整个研究区域的耕地平均水土流失量为每公顷 6.5t，南部区域最高为每公顷 30t。在转换经济价值时参考了当地农业管理部门的年度预算材料，并以 10% 的贴现率向前推了十年。最终结果表明，水土流失造成的损失占当年农业收入的 2%～9%。平均每年损失折现值约为 3100 万美元，占该国农业生产总值的 4%。

资料来源：经济合作与发展组织. 环境项目和政策的经济评价指南. 施涵，陈松，译. 北京：中国环境科学出版社，1996。

二、揭示偏好法

很多环境物品与非环境物品存在着非常紧密的联系，当人们消费这些相关联的商品和服务时，其支付意愿也包括了对这些商品附属的或本身具备的环境属性的认可。即当所讨论的商品和服务均不能直接用市场价格或市场中存在的替代品的价格估算其价值时，常通过观察人们的市场行为来估计其对环境"表现出来的偏好"。揭示偏好法就是通过考察人们与市场相关的行为，特别是在与环境联系紧密的市场中所支付的价格或他们获得的利益，间接推断出人们对环境的偏好，以此来估算环境质量变化的经济价值。例如，当人们购买房产时，房产周边的大气、水、土壤等环境要素质量也是被考虑的条件之一；当人们决定去风景名胜区旅游度假时，相应地会花费交通、住宿、门票及附加设施费用；而当人们发现自来水厂提供的饮用水可能被污染时，会购买瓶装水解决水的饮用问题……这 3 个例子各对应一种常用的揭示偏好的价值评估方法，即内涵资产定价法、

旅行费用法和防护支出法。

1. 内涵资产定价法

人们在购买土地或房产时，除包含大小、布局、房屋的新旧、建筑结构、内部设计等自身属性外，还会考察其社会环境属性，通常包括水电气供热（冷）等配套设施、交通购物便利程度、教育医疗资源优异性等社区成熟度属性，如今消费者还会对污染、噪声等环境质量属性给予更多的关注。土地或房产的价格是多种特性的综合评价，人们在购买此类商品时隐含着接受周围环境质量现状的意愿。不同工作的工资也具有同样的特点。人们在选择某份工作机会时，会综合考察劳动强度、安全和风险、交通便利性等多种因素，同样地，其中包括的环境质量附加属性也是考察因素之一，如处于高噪声工作环境时，通常需要为该工作岗位提供额外的补助或补贴。内涵资产定价法是利用财产价值和个人工资来估算环境价值的一种方法，它基于这样一种理论：人们赋予环境的价值可以从他们购买或认可的具有环境属性的资产商品的价格或工资水平中推断出来。内涵资产定价法就是根据这些资产中所蕴含的综合特性信息，去获得环境质量特性所隐含的价值。

内涵资产定价法一般需要采取数理统计的方法建立资产或工资与其各种特征的函数关系。其一般函数形式如下：

$$p_h = f(h_1, h_2, \cdots, h_k)$$

式中：p_h 为资产价格或工资水平；h_1，h_2，$\cdots$，h_k 为资产或工作的各种内部特性（如住房面积的大小、房间数量、新旧程度、结构类型等；工作的社会贡献、兴趣符合度、发展趋势、劳动强度等）和附加特性（如房产周边或所在地的学校质量、商店的远近规模、犯罪率等；工作地和亲属住地的距离、同事关系、企业福利等）；h_k 为资产或工作周边的环境质量（如空气、水、噪声、土壤等环境要素体现的环境质量）。

假设上述函数是线性的，则其具体函数形式为

$$p_h = \alpha_0 + \alpha_1 h_1 + \alpha_2 h_2 + \cdots + \alpha_k h_k$$

式中：$\alpha_0, \alpha_1, \alpha_2, \cdots, \alpha_k$ 为资产各种特性及环境质量在线性函数中的系数。当其他特性不变时，资产价格或工资水平与环境质量之间就成为单因素函数关系，即可据此求出边际隐价格。边际隐价格表示在其他特性不变的情况下，特性 i 变动 1 单位相应的房产价格或工资水平的变动幅度，一般计算公式如下：

$$p_{h_i} = \frac{\partial p_h}{\partial h_i} = \alpha_i$$

对环境质量而言，则为

$$p_{h_k} = \frac{\partial p_h}{\partial h_k} = \alpha_k$$

当线性假设下边际隐价格为常数时，环境质量改善的效益增量计算公式如下：

$$\Delta V = \sum_{i=1}^{S} \alpha_{ki}(h_{k2} - h_{k1})$$

该公式表示当环境质量由 h_{k1} 变化到 h_{k2} 时，该地区所有 S 个区域住房的隐价格与空气质量变化的乘积和即为环境质量改善的增量。

边际隐价格为常数的假设只在小幅度的环境质量变化中适用。一般情况下房产价格或工资水平和环境质量的关系曲线如图 5-2（a）所示，环境质量和边际隐价格曲线如图 5-2（b）所示。房产价格随着环境质量的改善而上升，边际隐价格则随着环境质量的改善而下降，在早期环境质量（由较差到可接受时）的变化区间中价格变化的速度也相对较快。而要得到该图的方程和趋势曲线，则相对需要较大量的数据和较为精准的数理统计分析方法才能做到。与其他经济学问题的研究困境一样，当我们不得不使用现实市场提供的数据和现状时，分析结果可能与预期差别很大。房地产和工资的价格水平同样受到供需、资本等多种市场因素和人类对风险的认知及政治、社会习俗等多种非市场因素影响，且对于这一类交易较为慎重的资产市场和直接影响人们收入的劳动力市场而言，市场活跃度受到人为政策影响的程度相对较高。

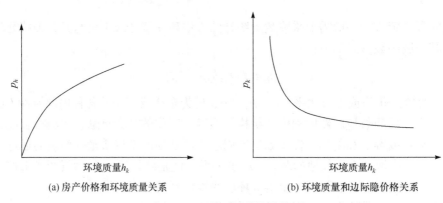

(a) 房产价格和环境质量关系　　　　　　(b) 环境质量和边际隐价格关系

图 5-2　环境质量价格曲线

内涵资产定价法应用范围包括：局地空气和水质量变化、噪声特别是飞机和交通噪声所引起的福利改变；舒适性对于社区福利的影响；工厂选址、铁路以及高速公路的选线规划；评价城市中比较贫困地区改善项目的影响，等等。

综上，内涵资产定价法在应用时需要收集和处理大量的数据，运用相对复杂的统计和计量方法。其涉及的数据，无论是房产、土地类的财产，还是职业选择，都对人们的生活具有重大影响，其市场活跃度通常并不如普通商品或服务高，且人们在决策时又会在很大程度上受到预期的影响，再加上环境变量度量的困难，很难获得可靠的数据和资料，使其应用受到很大的局限性，尤其是在发展中国家的适用性仍然不高。

2. 旅行费用法

人们在进行娱乐休闲时，旅行成本是一个非常重要的影响因素。旅行时，人们会精心选择风景优美、环境质量水平相对较高的地点，有一个现象是：对同一旅游目的地，来自近距离的消费者比远距离的消费者游玩次数要多，花费费用高的消费者比费用低的消费者游玩次数要少。一些著名旅游景点的门票价格虽然较高，但当景点是自然资源或具有环境资源特点和价值时，门票价格通常并不足以体现景点所反映出的社会、人文、历史文化等价值。对于无门票或门票价格较低的地点或资源，依据其游玩花费的费用或成本与旅行次数之间的联系建立对该目的地的需求曲线时，即可利用该需求曲线来评估消费者对这些地点或资源的支付意愿或价值，这种通过人们的休闲旅行行为揭示具有环境质量属性或资源价值的方法称为旅行费用法。

旅行的主要费用包括交通费、有关景点的花费以及时间机会成本。潜在的用户住地离景点越远，他们对景点环境物品的期望用途就越小。由于景点对住在远处的旅客的隐含价格要高于住在近处的隐含价格，因此居住在远处的旅客获得的消费者剩余要小于住在近处的获得的消费者剩余。最终旅行费用法估算的是具体景点的环境价值，而不是娱乐本身的收益。

在应用时通常的做法是：首先要以评价场所为圆心，把场所四周的地区按距离远近分成若干区域，即划分旅客的出发地区；其次在评价地点对旅客进行抽样调查，以便确定旅客的出发地区、旅游目的和其他社会经济特征等相关信息；根据旅客调查结果划分区域计算到此地点旅游的人次，确定旅游率并估算对应区域的平均旅行费用；最后根据对旅客调查的样本资料，对不同旅游率和旅行费用以及各种社会经济变量进行回归分析，得出旅行费用对旅游率的需求曲线。一般公式如下：

$$Q_i = f(C_{Ti}, X_1, X_2, \cdots, X_n)$$

当采用线性回归形式时，公式如下：

$$Q_i = \alpha_0 + \alpha_1 C_{Ti} + \alpha_2 X_i$$

式中：Q_i 为旅游率，$Q_i = V_i/P_i$，即 i 区域中到评价地点的总旅游人数 V_i 与区域的总人口数量 P_i 的比值；C_{Ti} 为 i 区域到评价地点的旅行费用；X_i 为 i 区域旅客的收入、受教育水平和有关的其他社会经济变量，可能是多个变量，此处仅以代表性的 X_i 来表述。

上述函数关系可用来估算不同区域的旅客的实际数量，以及这个数量与费用的变化关系，即确定一条实际的需求曲线；对每一个出发地区的需求函数进行校正后得到第 i 区域旅游率与旅行费用的关系，并计算每个区域的消费者剩余。将所有区域的消费者剩余加和，即可得出总的支付意愿。该支付意愿值即为评价地点的价值估值。

旅行费用法适用于评价自然保护区、国家公园、用于娱乐的森林和湿地、水库、大坝、森林等兼有休闲娱乐及其他用途的地点或资源的价值。该方法应用的基本条件是：这些地点是可在一定时间范围内到达且到达这样的地点需要花费时间或者其他费用；目的地不收门票或收费较低。旅游率、旅行费用等数据一般采用对游客的抽样调查方式来获取，这就要求对调查表、调查对象、调查交流过程等进行精细的设计以取得具有代表性的数据调查结果。

在应用此方法时，由于将消费者到达此地花费的费用作为主要评估依据，而消费者行为往往与该假设存在很多偏差，如关于旅行的多目的性可能导致对评价目标旅行费用的高估；旅行时间通常利用的是消费者认定的闲暇时间，则旅行时间的机会成本可能会经常性地被高估；调查数据时调查对象及样本容量通常会受到经费的制约，偏差在一定程度上是客观存在的；非使用者和非直接效益并不属于该方法的评估范围，造成了价值的低估；旅行效用的平均衡量方式与实际情况可能不符，最极端的情况是当交通、住宿、各种意外情况与获得乐趣的过高的期望值不符时，效用会有所降低。据此，应用过程中要求尽可能地大量收集数据，并精心设计估算方法。一般情况下旅行费用法得到的效益被看成是在现有收入分配函数和许多假设条件下得到的一种最低的总效益估计值。

总之，旅行费用法相对来讲是一类应用便利且技术成熟的价值估算技术，主要用于估计对旅游休闲地区和场所的需求及对其的保护、改善所产生的效益，无论是在发达国家还是在发展中国家，均得到了广泛的应用。该方法特别为某些资源保护政策的制定提供了理论和数据参考，如景点的门票定价政策、判断某个地点是否值得保护、仅作为休闲之用还是进行工业开发建设、保护资源或景点的投资预算分配政策等。

3. 防护支出法

尽管人们普遍希望生活环境中没有环境问题，但面对环境质量下降或污染，还是会努力采取各种规避风险的做法保护自己不受影响。个人经常采取的行为就是购买和使用一些防护用品或服务。这些防护方法既可能是环境物品的替代品，又可能是防止环境质量退化的措施。而反过来，当环境质量提高时，人们对替代品的花费会降低。防护支出法就是核算人们为防止环境退化或损害而采用的防护行动时的费用，把这部分支出费用作为人们对环境物品价值的估算方法。该方法以观察到的实际行为为依据，因此同样属于揭示偏好法。多数防护行为发生在环境污染或生态环境功能部分或全部失去时，面对环境变化，人们可能会对应采取的行为主要包括以下几个方面。

（1）采取防护措施。人们会采取措施，尽力避免因环境质量下降造成的影响，如采取防止土壤侵蚀的措施，安装水净化与过滤设备等。

（2）购买替代品。人们也可能通过购买替代品以实现相似的功能来避免可能的损害，如当水源地受到污染而使公共供水系统受到影响时，人们可能会购买瓶装水。

（3）迁移。对环境变化反应较强烈的人会迁出受污染的区域，如搬家甚至移民，其行为一般会有高额的费用发生。

（4）"影子/补偿"项目。提供新的可实现受损的环境服务或功能的建设项目以作为环境损害的补偿，如占用土地建设人工建筑（如道路、房屋）时，被砍伐的树木一般要求通过种植新树作为补偿。

在防护行为中，当人们试图在环境物品被破坏后将其恢复原状时，此时将估算出的总费用作为环境物品的评估价值时的估算方法，也称为重置成本法（replacement cost method）。

在使用防护支出或重置成本法时，首先要识别基本的环境危害，把针对主要环境危害的防护行为作为估算依据；其次应界定受影响的人群，不同的人群对于危害采取的防护行为可能有差别，防护行为法的取样工作一般在不同行为的相关人群中开展，并尽量保障防护行为类别在人群中的全面覆盖；然后调查或评估受影响人群采取的防护措施的成本和费用；最后根据以上的数据和资料评估受影响人群的总支付意愿。

防护支出法的应用范围很广，主要包括空气、水、噪声、土壤等环境要素污染问题，土壤侵蚀, 滑坡及洪水等自然灾害, 土壤肥力降低、土地退化等生产要素质量下降, 海洋和沿海海岸的污染与侵蚀等区域性环境风险等。在这些问题中, 人们能够采取的防护行为是在了解和理解来自环境的威胁并能够采取措施保护自己免受影响的前提下发生的。

在应用防护支出法时需要认识到, 该方法以个人或家庭为单位评估环境价值, 在采取防护行为时基本上会遵循收益大于成本的决策原则。而环境风险一旦发生, 其危害通常远高于人们用于防护的支出, 因此该方法估算出的价值被认为是环境价值的下限值。同时, 在现实实施中还存在很多问题和局限, 如信息的缺乏和后果的不确定性、部分失败防护活动不可能完全复原、贫困人口无力采取防护行为等。

总之, 防护支出法的原理相对简单、直观, 利用采取的防护污染或损害的行为来估算环境质量变化的价值。但由于该方法使用过程中存在的种种问题和局限, 它又有一定程度的不可靠和难以说明的特点。防护支出法可评价的问题通常是人们可认知并可采取防护行动的环境问题, 因此该方法的应用非常有利于人们应对实际危害时合理进行行为选择: 采取措施预防、直接赔偿受害者或尽力恢复之前的环境质量。

第三节 陈述性偏好的条件价值评价法

在直接市场评价法和揭示偏好法的价值评估技术中, 通过人们直接或间接的市场行为中所体现出的对部分受到影响的商品和服务的需求来反映其对环境物品的偏好和价值评价。而有些环境物品完全找不到与之相对应的市场化物品或服务, 即缺乏直接或间接的市场数据, 甚至也无法通过间接地观察市场行为来赋予环境资源价值, 此时可以建立一个假想的市场, 通过直接向有关人群提问来评估人们对环境质量变化的定价。这一类价值评估技术依赖于人们表达出的看法, 并没有直接或间接的实际行为作支撑, 属于陈述性偏好评价方法, 该评价方法也称为条件价值评价法或意愿调查价值评估法 (contingent valuation, CV)。陈述性偏好类的价值评估方法适用于估计使用价值和非使用价值。对于非使用价值中其他估值方法无法评价的选择价值、存在价值和遗传价值等, 该方法几乎是唯一的评估手段。

条件价值评价法被用于以下一些问题的估值: 对空气和水的质量改善进行估值、娱乐的价格、无市场价格的自然资源保护问题、生物多样性的选择及其存在的价值、生命和健康风险评价、交通条件改善问题、污水处理和排污设施的建设费用等。这些问题都有一些共同的特点, 即假定的事件或前提是非市场商品的环境物品或环境变化, 对社会而言大多是公共物品。

一、步骤和方法

条件价值评价法是将家庭或个人作为样本, 通过一套预先设计的调查问卷, 了解他们对于一项环境物品的支付意愿或受偿意愿, 直接询问调查对象的支付意愿或受偿意愿并以这些数据为基础进行环境资源或环境质量的价值评估是陈述性偏好法的最大特点。

在实施中其核心目标是得到社会公众对环境物品的价值评估值，需要获得的信息中最重要的部分在于人们对环境质量变化或资源的定价，即得出完整的需求曲线，或某一环境改善效益的支付意愿和对环境质量损失的受偿意愿。支付意愿和受偿意愿的差别在于效用的等价变化和补偿变化，等价变化是从消费者手里拿走一定数量的货币以抵消效用水平的降低，补偿变化则是付给消费者一定数据的货币以弥补效用水平的降低。等价变化会产生一个新的效用水平，而补偿变化试图维持原有的效用水平。

在对调查对象进行信息调查时，必须设计和管理一项完整的调查过程。这个调查过程一般可分为以下几个步骤。

1. 设计环境物品及市场场景

条件价值评价法要对被调查者构造一个假想的环境物品市场，为取得良好的调查结果，环境物品、市场情景应该是信息全面、目标明确合理、意愿支付手段现实方便、易被被调查者理解和接受。

首先，环境物品和市场场景的设计必须为被调查者提供出类似交易的选择方案，至少应包括 2 种，分别是环境物品保持原状或恶化状况、采取行动后环境物品的保持或改善状况。随着行动方案的增加，被调查者在这个假想市场中的选择就会增加。但为了使被调查者正确理解和提高选择的容易程度，第 3 个及以后的行动方案的增加在设计时通常非常慎重。环境产品的设计应是有意义的且符合人们认知水平预期的。例如，污染是不可能完全消除的，当设计问题是"为了保障核电站完全安全，你愿意为此每年支付多少钱"时，通常很难理解；而基于实际经验的场景设计更容易被理解，当询问对避免被原油泄漏污染沙滩时的支付意愿时，把问题设计成"愿意为巡航舰和油轮安全检查程序支付多少钱"相对更易理解。

此外，一些相对高深的领域[如地下水污染风险、核（振动和辐射）风险等]在设计环境物品时需要做一些特别的介绍。也需要小心设计货币的支付手段，在不同地区人们在选择支付手段时也可能给出不同的支付意愿数值，常见的可选择的支付手段包括现金、电子支付、缴税（费）方式等。当被调查者认为应当由责任方或第三方支付时，行动方案选择的结果参考性可能会更大。

2. 设计支付意愿（受偿意愿）的调查方式

常用的意愿询问方式分为两类：一是直接获取意愿值，包括投标博弈法（bidding game approach）、比较博弈法（trade-off game）等；二是通过获得被调查者对环境物品的需求量来间接获取意愿值，如无费用选择法（costless choice approach）。

投标博弈法要求调查对象根据假设情况直接说出对不同水平的环境物品或服务的支付意愿或受偿意愿，可分为单次投标博弈法和收敛投标博弈法。单次投标博弈法相对直接，只需调查者直接确定数额即可。收敛投标博弈法中，被调查者则不必说出一个确定的支付意愿或受偿意愿的数额，而是被问及对某一数额是否认可，根据被调查者的回答，这一数额不断被调整，直到得到最大支付意愿或最小的受偿意愿。

比较博弈法要求被调查者在不同的物品或费用方案与相应数量的货币之间进行选

择。在环境资源的价值评估中，通常给出一定数额的货币和一定水平的环境商品或服务的不同组合。组合中的货币值就被认为代表了一定量的环境物品或服务的价格。给定被调查者一组环境物品或服务以及相应价格的初始值，然后询问被调查者愿意选择哪一项，根据被调查者的取舍，不断提高或降低价格水平，直到被调查者认为选择二者中的任意一个都可以为止。这时，被调查者所选择的价格就表示他对一定量的环境物品或服务的支付意愿。

当方案中的货币被强调是赠款而无需调查者付费时称为无费用选择法。该方法模拟人们在市场购物时的选择方式，让被调查者在两个或多个方案之间进行选择，而且每一个方案都不需要被调查者真实付钱。在选择的方案中至少有 2 个方案经常被设计其中，一是环境物品数量方案，另一个是一笔赠款。当选择相对应的环境物品数量方案时，则意味着放弃了赠款，此时放弃的赠款被认为是最低的支付意愿值。不断提高赠款数额，直到被调查者选择赠款，此时得到的是最高的支付意愿值。

3. 设计调查方案和过程

在假想市场、环境物品及意愿的调查方式确定后，就可以形成完整的调查方案。调查方案的内容一般分为 4 个部分。

（1）基本介绍：调查者的自我介绍、调查目的及调查时间等。

（2）有关环境物品的介绍、被调查者的一般观点和其他背景信息。

（3）环境物品支付（受偿）意愿调查。

（4）被调查者社会经济信息调查：年龄、教育、家庭、收入等。

为了取得客观的调查结果，调查问卷需精心设计。为提高调查成功率，调查内容应在全面的要求下尽可能简短。采用表格、图像，甚至 PPT、短片来演示和介绍背景、方案情景都可能会提高被调查者参与的兴趣。

具体的调查方式包括面对面访谈、邮件、电话、网络调查等。面对面访谈的调查方式最为可靠，但成本最高，在经费和时间等条件配合下是首选的调查方式。邮件、电话、网络调查方式相应的成本低且灵活，但一般反馈率低、调查结果质量无法保障。对调查者的培训和要求同样是面对面访谈方式最高。

由于不可能对所有相关人士进行全面调查，选取调查对象时通常会抽样调查，选择范围可包括专家、直接受影响者、间接受影响者、旁观者等。为保证抽样对象的代表性，对于不同的环境物品和调查方案，调查对象的选择原则应事先确定，结合影响区域和范围，也可初步确定样本容量。

4. 预调查及评估调整

在设计好调查内容、方法程序及调查对象范围后，进行预调查是必要的。预调查是在正式的调查工作开始前，在确定的合理调查范围内先选择有代表性的调查对象进行小样本量典型调查，目的是寻找整个调查方案设计的瑕疵和纰漏，并进行评估和调整，以保证取得科学有效的调查结果。在预调查中应尽可能按正式调查程序进行，并在正式调查前对调查内容进行调整和完善。

对预调查数据进行支付意愿和受偿意愿的计算与评估是为了及时发现可能被忽略的影响因素以进行调查内容的补充和修正，确保统计分析的显著性结果或发现未事先规避的偏差并加以进一步纠正和调整。

通过调查方法取得支付意愿或受偿意愿的调查数据后，就可利用统计学方法获得平均的个人或家庭意愿。再根据相关统计范围或人群数量，即可得出社会总的支付意愿或受偿意愿。

二、偏差、局限性及消除

意愿调查价值评估法基于一个假想的市场，也未要求消费者真实支付（获取）其支付意愿（受偿意愿），因此与现实中的市场行为和人们用行动表现出来的选择为基础的其他价值评估技术相比，它的局限性比较明显，如人们在交流过程中除了粗心或理解不到位之外，有意而为的各种偏差也经常存在。

1. 各种偏差的存在

（1）假想偏差。人们对假想问题和真实问题的反应很可能是不一致的。例如，当享有免费的医疗保健服务时，针对老年人健康服务的支付意愿调查就可能得到许多意愿为 0 的答案。而付费改善医疗福利水平与现实差别太大，老年人无法接受。这类偏差在不存在的和不熟悉的问题中反映更为明显。

假想偏差产生的根源在于人们并不理解意愿调查的原理和目的，消除此类偏差需要调查背景中相关内容的解释，调查者对此的知识储备和沟通能力就显得特别重要。

（2）信息偏差。被调查者的回答取决于调查问卷中所提供的信息和被调查者对此的理解。当信息太少、不全面、展示方式不显著或被调查者过于主观时，就会产生信息偏差。例如，德国的一项关于人们对提高柏林空气质量的支付意愿调查中，补充了空气中有害物质的信息，相应地被调查者都增加了他们的支付意愿数额。

要消除信息偏差，最重要的一点就是信息要全面，尽量通过预调查结果的反馈来更多地发现未被展示的信息。此外，图片和表格等更形象的补充说明方式可以加强被调查者对信息的全面掌握。

（3）起点偏差。调查过程中调查者设计的支付意愿和受偿意愿的出价起点高低会引起回答数额范围的偏离，特别是在不同方案中选择增加或降低意愿时起点支付范围的影响会更大。

为保证意愿调查的客观性，调查者应尽量避免对被调查者进行数值范围的暗示和引导，不向被调查者透露调查人员的期望意愿水平和其他人的回答情况。

（4）支付方式偏差。假设的付款方式不同也会导致数额上的差异，调查中采用不同的支付手段，可能会得到不同的支付意愿。在部分对珍惜生物保护的支付意愿调查中发现，与提高门票、交税（费）款的方式相比，在保持环境质量和救助生物等问题上，人们更喜欢的付款方式是捐款到非营利的环保组织或基金组织，这些组织被认为在从事环保行动时专业性更强、更高效。

应对此类偏差时可在调查中先期询问被调查者的支付方式，暗示被调查者可自由选择自己认定的付款方式并实际支付，这样可以得到相对更客观的支付意愿数据结果。

（5）部分-整体偏差。是在被调查者没有正确区别一个特殊环境的价值和当它只作为更广泛群体环境中一部分的价值时所产生的偏差。在一项美国纽约州安大略湖的支付意愿调查中发现，人们对面积 1%的小数量著名湖泊的平均支付意愿与这个州所有湖泊的平均支付意愿几乎没有明显的差别。

防止这一类偏差应在问卷中尽量清楚地描述背景或在问题中强调本次调查对象与整体中其他部分意愿的差别，避免被调查者不由自主地发散思维到更广阔的整体部分。

（6）策略性偏差。被调查者向调查者有意说谎时就产生了策略性偏差。如果被调查者认为通过他们的答案可以影响实际决策过程，部分被调查者可能会有意提供利己的非客观答案。例如，为了抵制项目实施故意夸大受偿意愿、希望未来的服务免费或低价提供而低报支付意愿等。

在调查开始前做一个"本次调查结果仅用于科学或心理研究，影响力有限"的声明，对策略性偏差的纠正会有所帮助。但如果调查目的是为法庭诉讼作参考而无法做类似声明时，可以在调查时做"意愿过高的结果不具有可操作性"的提示，或者通过多角度的提问和收敛性的意愿数值选择方式进行调查。

2. 支付意愿与受偿意愿的不一致性

支付意愿与受偿意愿之间存在极大的不对称性，在假想条件下，人们对获得其尚未拥有的某物品的评价会低于对已有之物的损失的估价，一般一个调查中受偿意愿通常比支付意愿高，有个别研究结果出现了高达 3~5 倍的关系。所以应用本方法时如何协调支付意愿与受偿意愿之间的数据差距，怎样使结果更合理都需要精心计算和讨论。一般认为，二者的偏差在 ±5%以内是可以接受的，但在特殊情况下 5 倍以内的结果也具有一定的参考价值。若要降低二者之间的差距，就要特别注意控制策略性偏差。

3. 抽样结果的汇总问题

意愿调查评价法在抽样调查得到平均支付意愿后需要计算总的支付意愿，这时人群范围的界定就比较困难。例如，对美国科罗拉多大峡谷进行价值评估时，采集的样本是现在的使用者（参观者），人群界定范围采取了美国西南各州和全美国的居民两种人口规模，二者的计算结果相差很大。但还要考虑到的是，由于这个大峡谷闻名世界，国际旅游者是无法忽略的。如果使用世界人口来作总支付意愿的估值显然不是合理的处理方式，原因在于绝大多数的人们不会来此处旅游。因此，在汇总时正确定义适当的人群范围，包括现在的潜在使用者、未出生的或所有潜在的未来使用者，对于总价值水平及其可信度是至关重要的。

此外，本方法还有其他一些固有的问题需要注意。调查过程中，虽然涉及货币和金额，但并未要求进行实际的现金操作，所以人们在对特定环境质量或资源出价时可能没有实际受到其个人现金拥有量和支付能力的约束。但现实情况下这方面的约束很重要，需精化设计支付方式并对偏差进行客观评估，否则意愿调查评价研究将失去可信性。

鉴于以上各种问题和局限性，世界银行在 20 世纪 90 年代曾为意愿调查价值评估法做过有关方法的技术和应用的专题研究，结论报告认为这类方法的研究结果具有"合理的可信度"。总之，意愿调查价值评估法是一类实用性很高的价值评估技术，特别是针对存在价值和选择价值而言，当其他评估技术遇到困难时，本类技术提供了最后的选择。但是在应用时，首先要精心设计合理的调查方案，调查过程需要花费大量的经费和时间，对调查结果要做严格的统计分析，并对调查和计算结果进行专门的解释和研究。

对该方法的研究和应用目前主要有两个改进和借鉴方向，一是借鉴心理学的实验研究方法进一步提高调查数据的客观性和可信度，二是借鉴对环境物品的公投结果。心理学领域已在近一个世纪中取得了长足的进步，特别是实验心理学研究方向，支付意愿相对于受偿意愿更稳定的研究结论就是实验心理学研究的成果之一。结合心理学的研究成果进行社会调查可以有效地应对各种偏差，并从中得出相对比较客观的评估数据。相对于评估环境物品价值的终极目的是进行环境物品保护策略、途径和数量的选择，那么人类达成一致的最直接方式就是全民公投，一些环境物品全民投票的过程和结果为条件价值评价法提供了很好的参考和验证，虽然受限于法律、习俗等现实社会条件，无法取得一些关键性的调查数据和内容，但其庞大的样本数量和数据仍然是条件价值评价技术改进中最有价值的参考和依据。

专题 9　决策、赔偿和诉讼：应用条件价值评价法

对于无法评估或缺失市场价值的环境物品，条件价值评价法既可用于评估使用价值，又可用于评估非使用价值，是一种试图对人们为环境物品付出代价的真实意愿进行价值核算的价值评估技术。虽然该方法依赖于人们的口头表达而非实际行动，从而存在意愿与行为不一致而产生各种偏差，但仍在人类社会中产生了越来越大的影响。

1989 年 3 月，埃克森公司瓦尔迪兹油轮在美国阿拉斯加州威廉王子湾发生了 1100 万加仑的原油泄漏事件，石油附着于海面、沙滩和动物身体表面，直接导致海獭、海豹、海鸟及鱼卵等大量生物死亡，同时渔业和旅游产业遭受重创。当地政府起诉该石油公司，要求赔偿事件造成的自然资源损坏和破坏。一项为期近 2 年的条件价值（CV）评估项目进行了损害价值的调查和研究。该研究精心设计了分层抽样家庭分布、事件介绍、支付意愿数值范围和应对措施式的提问方式，最终的研究结果表明，最低支付意愿为 30.30 美元，期望支付意愿为 53.6～79.2 美元（置信区间 95%）。以美国当时 9084 万户家庭总数计，总支付意愿最低为 27.5 亿美元，期望值为 48.7 亿～71.9 亿美元。2 年后的 1991 年，当地法院判决损失赔偿 2.87 亿美元及 50 亿美元的惩罚性赔偿。同时，调查中的引导护卫等安全计划得到了实施。经过近 20 年的诉讼，2008 年美国联邦最高法院将惩罚性赔偿定为 5.08 亿美元，判决理由为该事故在主观上被认为是介于"疏忽"和"恶意"之间，且在多年漫长的诉讼中该公司既出钱清理了石油，又赔偿了相关产业损失。但生物学家和生态学家的研究表明，石油泄漏对当地生物的影响是长期的，对海獭等生物的数量抑制影响长达 20 年，其他个别物种的影响还有待时间验证，估计可能会达到 25～30 年。

2017 年 4 月，3 名中国攀岩者以电钻钻孔、打岩钉、挂绳索等破坏性方式攀爬江西省三清山巨蟒峰。攀爬过程共打入岩钉 26 枚，对巨蟒峰岩柱体造成了不可修复的严重损毁。公诉人上饶市人民检察院委托江西当地高校和研究机构的一个专家组采用旅行费用

区间法和条件价值法科学评估该事件对三清山巨蟒峰旅游资源价值的损害情况。专家组的 3 位专家分别来自江西财经大学生态经济研究院、江西农业大学经济管理学院和江西财经大学旅游与城市管理学院，他们都出庭作证并接受了各方当事人的质证。该评估结果认为：①三清山巨蟒峰使用价值受损评估值为 78.019 亿元，其中，直接使用价值受损68.605 亿元，间接使用价值（旅游消费者剩余价值）受损 9.414 亿元；②考虑意愿价值法假想性偏差的三清山巨蟒峰非使用价值受损评估值区间为 0.119 亿~2.368 亿元，其中存在价值受损评估值区间为 0.047 亿~0.928 亿元，遗产价值受损评估值区间为 0.039 亿~0.771 亿元，选择价值受损评估值区间为 0.033 亿~0.669 亿元；③破坏事件对三清山巨蟒峰旅游资源价值造成的损害赔偿不应低于最低值 1190 万元。该研究为风景名胜区旅游资源价值损害评估提供了较为科学的研究方法、解决思路和典型示范，为政府解决旅游资源损害追责、赔偿、执法和管理提供重要的科学依据。2019 年 12 月，江西省上饶市中级人民法院一审公开宣判，以"故意损毁名胜古迹罪"判处 3 人中的 2 人有期徒刑一年和六个月（缓刑一年），并处罚金人民币 10 万元和 5 万元。而民事公益诉讼判决结果中，3 人除向社会公众赔礼道歉外，"连带赔偿环境资源损失计人民币 600 万元，用于公共生态环境保护和修复"，并赔偿公益诉讼起诉人上饶市人民检察院支付的专家费 15 万元。该案被法律界评价为"对类案办理具有参考意义，对依法保护自然生态具有鲜明的导向作用"。

资料来源：林海. 埃克森案：对环境污染惩罚性索赔. 检查风云，2015，（18）：38-39；Shogren E. 2014. Why the Exxon Valdez spill was a eureka moment for science. English Digest，（7），36-39；黄和平，王智鹏，林文凯. 风景名胜区旅游资源价值损害评估：以三清山巨蟒峰为例. 旅游学刊，2020,35(9)：26-40。

第四节　价值评估技术的评价与应用

直接市场评价法、揭示偏好法和陈述性偏好法等价值评估技术被应用于生产力、健康、舒适性和存在价值等 4 大类环境影响时，不同评价技术的适应性与匹配度均有不同的表现。如表 5-2 所示，通常对生产力的影响大多在市场上存在着较为直接的商品或服务影响后果，因此多采用直接市场评估技术；对健康的影响在市场上也可以找到对应的劳动力价格或医疗服务市场进行直接市场方式评估；对于舒适性影响，旅行费用法和内涵资产定价法通过人们在休闲娱乐或大额资产交易活动中蕴含的环境信息揭示出的环境影响进行价值评估；而对于基于人们主观意识的存在价值，则只能采用调查人们对这一类问题的认知和价值评估，即陈述性偏好法来进行价值评估。而人们用陈述的方式表达出的意愿，相对于其他方法经常很少涉及或未涉及由于生产力、健康及舒适度受到影响等对人们心理影响的主观感受，无疑是对其他类评估技术的有效补充，因此在选用其他价值评估技术进行相应的评价时，陈述性偏好法也会表现出很大程度的适用性。

表 5-2   常见环境问题的影响和估值方法

影响范围	常见环境问题	估值方法
生产率	土壤侵蚀、土地退化、荒漠化、盐碱化、森林砍伐、生境的丧失、野生生物灭绝、有限资源的耗竭、空气污染、水污染、危险废物、交通问题和噪声、地下水损失和污染、海洋环境污染、过度捕鱼、全球变暖、臭氧层空洞、生物多样性减少	直接市场评价法
健康	空气污染、水污染、危险废物、交通问题和噪声、地下水损失和污染、全球变暖、臭氧层空洞	直接市场评价法 揭示偏好法 陈述性偏好法
舒适度	土地退化、森林砍伐、生境的丧失、野生生物灭绝、空气污染、水污染、危险废物、交通问题和噪声、地下水损失和污染、全球变暖、臭氧层空洞、生物多样性减少	揭示偏好法 陈述性偏好法
存在价值	土地退化、森林砍伐、生境的丧失、野生生物灭绝、空气污染、水污染、海洋环境、过度捕鱼、全球变暖、臭氧层空洞、生物多样性减少	陈述性偏好法

这三类价值评估技术中最为客观的是直接市场评价法。揭示偏好法虽然也是依据市场行为进行价值判断，但存在一定的间接性。只依据人们的说法来进行价值估算的陈述性偏好法则最为主观。虽然直接市场评价法及揭示偏好法的估算结果受信息和统计分析手段的影响有一定误差，但当价值评估结果用来参考决策时，人们会相对更重视客观评价结果，因此多数情况下直接市场评价法会被作为价值评估技术的首选方法，揭示偏好法次之。而当上述两类方法不适用，只能依赖人们对环境物品的主观表达时，则采用陈述性偏好法。

在选择具体的评估技术方法时，并不会单一地局限于一种或一类技术，通常会根据活动的多方面影响进行各种评估技术的综合应用。例如，进行森林资源的价值评估时，根据筛选出的环境影响，分类别和程度依次采用的价值评估技术包括以下几种。

（1）木材可持续产出的损失——直接市场评价法。

（2）非木材类的森林价值的损失——直接市场评价法。

（3）土壤侵蚀后果造成的泥沙沉积和洪水危险——防护支出法或重置成本法。

（4）生物多样性损失造成的存在价值损失——条件价值评价法。

（5）生态旅游类损失——直接市场评价法或旅行费用法。

（6）吸收 CO_2 释放 O_2 的减碳功能——直接市场评价法或条件价值评价法。

在环境影响识别后，根据不同的影响选择不同的价值评估方法，最后进行各种影响价值评估的汇总。

选用各类方法时，信息的可获取性是必须注意的问题。信息的类别、数量和可靠性、精密度等均会影响方法的应用效果。而获取信息需要费用和时间，当经费和时间无法满足方法的信息要求时，研究者会利用可调整的非直接来源数据进行价值估算，这类方法称为效益转换法。效益转换法在采用其他研究地点或研究项目的数据时，前提条件是二者具有一定的相似性，且研究数据结果是公认较为合理可靠的。数据应用于本地或本项目时，需论证其直接应用、调整方法的合理和可行性。在评估娱乐价值、存在价值的旅行费用法和调查意愿价值评估法中，异地结果经常被其他方法进行比较和应用。显然，不同国家的研究数据和结果在效益转换中通常存在很大的不确定性。当方法和参数存在过多的不确定时，基于参数和价值评估结果，甚至数据波动范围的灵敏度分析则可确定最终结论对于这些不确定影响因素的敏感性，为决策提供更完整的信息。

专题10　应用——显示性偏好与陈述性偏好价值评估技术

各类价值评估技术方法在具体应用时选择原则是环境影响的相对重要性、信息的可获取性、研究经费和时间的限制等。但当显示性偏好与陈述性偏好原理的价值评估技术均可使用时，原理的适用性和可靠性、过程的复杂性和偏差程度、结果的异同就自然地令研究者和应用者产生了困惑。基于两种原理的实际评估技术到目前为止均有较为成功的研究和应用案例，且有众多的研究在同一问题中比较了两类原理技术的优势和劣势。

两类评估技术结果的根本差别仍是基于原理，即显示性偏好产生的估值结果更能直接地体现出马歇尔消费者剩余，而陈述性偏好则体现的是希克斯消费者剩余。希克斯消费者剩余是消费者在商品价格下降后所获利的货币表现，是保证消费者满足程度不变的补偿变量，显然在进行环境问题分析时是更适合的福利水平度量方式。由于陈述性偏好原理的估值技术不具有现实的市场交易约束力，因此各类技术在进行互斥选择的多数情况下，也可能作为互补性方法加以应用和比较。当对具体的环境物品采用综合性评估技术时，实际上就是在同时应用两种原理下的各类价值评估方法，或更精心地设计混合显示性偏好和陈述性偏好估值技术评估方法，即可被视为混合显示性偏好-陈述性偏好估值技术模型的应用。

思　考　题

1. 环境经济学中如何认识环境物品的总价值？随之对环境影响是怎样分类的？
2. 如何进行环境物品的价值评估？理论评估框架是什么？
3. 什么是支付意愿和受偿意愿？
4. 对于可能实际存在的环境物品的市场偏好，环境经济学如何衡量其支付意愿或受偿意愿？
5. 假想市场的条件价值评估法的具体做法是什么？其偏差和局限性有哪些？怎样消除这些偏差？
6. 如何比较和评价各类价值评估技术？它们的实用性如何？
7. 设计实际案例，综合应用上述各类环境价值评估技术和方法。例如，设计吉林大学清湖扩建工程、晏湖改造人工湿地（处理周边实验楼的生活污水）工程或吉林大学清洁能源替代（太阳能、风能、地源热能）项目等的支付意愿评估。

第六章　环境经济评价

为达到有效配置资源的目的，在做出决策之前，基本的可行性研究是对该决策行动的经济效益进行计算和分析。当可供选择的行动方案多于一个时，还要对各个方案的经济效益进行比较和选优。这种分析论证过程称为经济评价。在价值评估技术应用的基础上，环境经济评价试图将环境物品的价值货币化结论融入一般的经济评价，获得包含外部性效益和成本的考量整个社会的真实经济评价结论，纠正市场在资源配置中的失当。同样，决策判断的基本原则是当总效益优于总成本时会倾向于实施该项目。

第一节　环境经济评价概述

环境经济评价在很多情况下已成为各类决策的前提和基础。根据决策主体、决策目标或决策要求的差别，环境经济评价以不同的形式参与其中。当决策要求是降低运营风险、尽快回收投资时，环境物品外部性的或相对较长时期的成本与收益就会被忽略。

决策主体通常可分为私人决策者和公共政策决策者两大类。私人决策者多数情况下只是简单地遵守市场规则和政府在环保领域的管理制度，区域政府的公共政策决策者则需要更多地关注生态环境质量的改善及自然资源的可持续利用。

不同决策主体决策目标也有很大的差别。私人决策者通常以获取市场利润为主要目标，那么私人在进行项目可行性预估时，并不会主动将环境影响考虑在内，可行性就在不考虑环境污染、生态资源滥用的情况下获得通过。在世界各国普遍实施的环境影响评价管理制度下，私人项目在运作之前必须对环境影响进行评价，在生产工艺和流程中加入符合排放要求的污染物处理设备和措施，并要求与项目的主体设施同步设计、施工和运行，以减轻预期的不利的环境影响。

目前，环境经济评价主要应用领域包括环境影响评价中进行的环境经济评价、环境诉讼中损害或赔偿额度的测算、绿色国民经济核算中的环境物品价值评估以及环境产品类市场中相关的经济评价工作等。

1. 环境影响的经济评价

无论是私人还是公共政府或组织，其实施的行动都可能对周边、区域甚至全球生态环境质量产生一定范围、一定时期、不同程度的外部性影响，因此就需要对其进行评价和分析，以全面评估行动的可行性。环境影响评价是对人类活动实施后可能造成的环境影响进行分析、预测和评估，提出预防或减轻不良环境影响的对策和措施，并进行跟踪监测的制度和做法。在环境影响评价中，人们无法将巨大的产品产出效益与自然灾害发生风险的提升、动植物生境的改变和破坏、景观的改变、对健康的影响和生活舒适度的下降进行比较，这时环境影响评价中就需要应用环境经济评价，价值评估技术可以辅助人们得出以上影响的经济价值评估。

根据世界各国环境管理经验，私人企业进行环境影响评价时增加的环境管理成本，并没有对其在市场中正常运行有大的影响。而生态环境质量多数情况下依赖于政府管理，政府制定社会管理政策、实施专门的环境质量和自然环境生态保护的管理政策或中长期区域发展规划时，需要考虑全部的成本和效益，特别是环境影响的成本和效益，这时环境经济评价也会发挥显著作用。即环境经济评价更重要的应用是全面评价公共项目和公共政策。

专题 11 我国环境影响评价制度中的经济评价

我国的环境影响评价制度相关法律法规中指出，对建设项目或规划的环境影响进行经济评价是环境影响评价的重要组成部分，是其可行性决策的重要依据。其一般的评价步骤如图 6-1 所示。

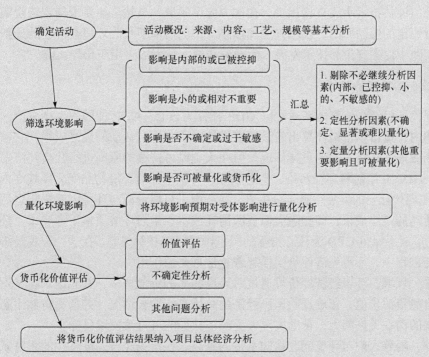

图 6-1　我国环境影响评价制度中的经济评价步骤

环境影响分析中提供的量化数据只给出排放污染物的数量或浓度以用于评价是否符合相关的环境管理要求，并不适合图中环境影响的量化和货币化价值评估步骤。在具体操作中大多引用相关的科学研究成果来确定污染物排放的数量和浓度对受体产生影响的数量关系，包括生产率、健康、舒适度等多方面的剂量-响应关系方程，当不同研究成果得出不同的数量关系结论时，需进行文献及研究成果的比较和筛选，因此对价值评估结果的不确定性分析和其他涉及伦理、公平、资源应用的社会经济现实条件与变化趋势以及管理制度的制约等问题的分析非常必要。

最后，将货币化价值评估结果纳入活动的总体经济分析中时，除考虑可行性的结论是否发生变化之外，还需要给出环境影响价值评估对原分析中的评价指标和评价结论是否发生了显著影响及敏感性分析的补充分析。

资料来源：环境保护部环境工程评估中心. 环境影响评价技术方法. 北京：中国环境出版社，2014。

2. 环境诉讼

对环境污染和生态破坏造成的损失由实施者负责进行功能、质量的修复和赔偿，是一个国家健全法制保障系统的必然组成部分。在环境诉讼中，除要求实施责任方停止污染或破坏生态环境质量的行为外，多数还附带赔偿的民事诉求甚至更严重的刑事诉求。对应赔偿的民事诉求，环境经济评价得以介入和应用。

环境诉讼中赔偿额度的确定与损失的程度和范围、社会经济发展水平及所采用的环境物品价值评估技术手段直接相关。在这一应用领域，虽然法律要求确定赔偿额度时需要有相对稳定的遵循原则、技术方法和程序，但仍需不断吸收环境经济学的最新研究成果，在实践中促进理论和技术发展，而理论和技术的发展再用于指导实践。

3. 绿色国民经济核算

近现代国民经济核算体系通常以 GDP 指标为核心。GDP 即国内生产总值，是指在一定时期内，按市场价格核算出的该国家或地区所有生产活动的最终成果，它被认为是一个国家或地区经济实力的直接体现。但在人类以可持续的原则进行社会经济发展方式调整时，GDP 并不能将环境污染、生态破坏、资源消耗等环境物品变化反映在内，即唯GDP 论在现代社会的发展中已部分失真。在考虑了自然资源与环境因素影响之后核算出的经济活动的最终成果，即扣除类似资源消耗成本、生态环境质量下降成本、环境保护成本等，形成了绿色 GPD 为核心指标的绿色国民经济核算体系。在这一宏观经济评价体系的转变进程中，环境经济评价同样起着非常重要的作用。

在这一领域，环境经济评价可通过对环境物品的价值评估，补充记录在一定时期被消耗的自然资源价值、正确反映国民经济的总体真实增长情况，并预测自然生态环境对经济发展的潜在支撑能力，帮助实现人类经济社会的可持续发展目标。

此外，随着人们对环境问题认知水平的提高，在市场经济高度发达的大背景下，环境类产品市场已得到了一定的发展，如在部分地区甚至全球范围内可交易的污染物排放权、环境风险责任保险市场等。在这些市场中，环境物品的价值评估得到了更多的应用。尽管这一类市场需要更多的政府管理政策的参与，但在遵循市场规律时进行环境物品交易中首先采用环境物品价值评估技术进行初步的环境物品定价是非常必要的。

第二节　环境经济评价方法

应用环境经济评价的主要目的是辅助决策。而进行决策时采用的主要环境经济评价方法包括费用效益分析法、费用效果分析法、多目标分析法等。

一、费用效益分析法

一个项目或活动的所有投入，包括土地、设备、原材料、能源和劳动力等所涉及的所有物品和服务均是费用的组成部分，而所有的产出就是这个项目的收益。为了评估费用和收益，需要考虑项目或活动所产生的所有影响。这些影响除社会普遍关注的可货币化和市场化的项目外，还应尽可能地识别出其他很难货币化的非市场性影响，特别是生态环境影响。增加的非市场性的环境产品可被计入效益部分，而环境损害则应被计入成本。初步的分析一般是大范围的全面的影响识别，尽管其中某些影响难以量化，但仍将作为决策信息的一部分用作参考。

利用费用效益分析法经常使用的净现值、净现值率和内部收益率等指标进行不同情况或不同目标的方案选择是非常实用的，对于互斥的行动方案可以选出最优，非互斥方案则可进行排序。各评价指标的具体计算公式见第四章相关部分。

互斥方案决策是指一组行动方案彼此相互排斥，选择了其中一个方案，意味着其他方案都被否定的决策。例如，一块珍惜生物栖息土地的自然保护区建设方案一定是与进行房地产开发、农业生产或工业项目等其他的建设方案是互斥的，一旦选择了建立自然保护区，其他用途的活动就无法进行。通常决策者会选择净现值较大的活动，同时参考净现值率、内部收益率等指标，以便进行投资效率及风险的综合评估。

对于非互斥方案，费用效益分析法可进行活动优先级别的判断，一般情况下高净现值的行动方案更可能被实施。净现值率高的行动方案由于资金利用效率相对较高，也可能优先得到可行性决策结果，或更低的投资风险考量下优先实施同等净现值水平下的高内部收益率的行动方案。

表6-1是这三个主要的分析指标在部分情况下单独应用时的判断原则。其中净现值一般作为基本评价指标，只有净现值≥0的行动方案才继续进行后两个指标的计算和应用。决策者会对三个指标进行综合权衡，如当不同方案的投资额度相差较大时，结合净现值率指标能更好地评估资金使用效率，结合内部收益率指标可以更好地评估时间风险。

表6-1　费用效益分析法中的指标应用

应用情景	净现值	净现值率	内部收益率
项目可行性评价	≥0即可行	≥1即可行	≥基准贴现率即可行
互斥方案优选	最大为最优	最大为最优	最大为最优
非互斥方案排序	按从大到小排序	按从大到小排序	按从大到小排序

费用效益法应用至今，其使用范围和发挥的作用越来越广泛。目前，人们在私人或公共建设项目评价、标准的制定、政策分析、中长期规划设计等方面均将费用效益分析作为必要的社会经济评价手段以供决策参考。

专题 12　费用效益分析法的产生和发展

费用效益分析的奠基之作是 19 世纪的法国人杜波伊特（Jules Dupuit）在 1844 年撰写的《论公共工程效益的衡量》。在这篇著名的论文中，杜波伊特认同了"消费者剩余"概念，并指出，公共工程的效益并不等同于公共工程本身所产生的直接收入。而该方法逐渐对公共项目评价产生重大影响源于 20 世纪 30 年代美国政府管理部门对于水资源投资的评价应用。1950 年，美国联邦机构流域委员会专门任命的一个费用效益小组委员会发表了一个里程碑式的报告，题为《关于流域项目经济分析实践的建议》，这一文件被一代水利工程分析人员视为"绿皮书"。到 70 年代，随着环保问题受到全社会的关注，美国政府最早规定所有对环境产生影响的项目在进行环境影响评价中都必须进行费用效益分析。80 年代进一步要求政府所有的主要规则及"年度规章计划"都要进行费用效益分析，多数决策要以这种分析方法作为决策基础，这大大促进了费用效益分析的发展。进入 90 年代以后，除人们继续坚定地信奉费用效益分析作为管理决策的中心内容外，随着观念的进步，"公平"和"分配影响"等道德和伦理因素也被要求在进行费用效益分析时加以关注。

目前，费用效益分析法已全面进入国民经济评价、区域发展、环境保护、社会福利等各个领域，应用范围除了最基本的建设项目评价外，已涵盖区域及行业发展的计划规划、重要政策等的评价工作中。

资料来源：克尼斯. 环境保护的费用-效益分析. 章子中，王燕清，译. 北京：中国展望出版社，1989。

二、其他决策方法

1. 费用效果分析法

当拟建项目或政策活动所产生的环境影响或效益难以用货币单位计量，或者环境目标已由管理部门拟定好时，费用效果分析法通过判断实现目标费用最小的决策原则来进行可行性评价。

该方法既简单又灵活，与费用效益分析法相比，不用衡量效益减少了巨大的工作量和争论，而行动方案的成本特别是直接的行动成本清晰而明确。即在效益或环境目标基本相同的条件下，比较不同方案实施的成本费用，从中选择费用最小的方案作为决策结果。而在投资预算成本费用基本相同的条件下，则可进一步比较不同行动方案在已达成基本目标要求时的其他附带效果，从中进一步选择最佳方案，此时决策方法也称为最佳效果法。

在人们为实现目标所付出的大部分成本可以定量估算的前提下，只计算费用现值在很大程度上简化了核算过程、降低了决策成本，因此该方法被认为是进行环境经济评价时最实用的方法之一。

2. 多目标分析法

当利用货币化价值评估技术进行方案决策时，实际上是将活动结果综合为价值这一唯一的度量标准。在价值评估技术方法和数据结果的争议性比较突出时，人们也试图采用多重准则或多种目标来进行决策。多目标决策通常具有两个以上的决策目标，并且需采用多种标准来评价和优选方案的决策问题。受益的方式和范围、效益的分配、实施的难易程度、可推广性和可接受度以及专家和决策人员的系统性判断等都可能作为多目标决策方法的准则和目标。

多目标或准则下的决策过程变得相对复杂。有些方法可以化繁为简，如对目标简化、逐步淘汰较差的行动方案等；有些方法对目标或行动方案进行加权或排序，采用分层序列、层次分析等数学模型或规划模型来确定非劣、最优行动方案等。

在效用理论中，将不同目标综合为可接受的总效用目标函数，即

$$TU = f_u(X_1, X_2, \cdots, X_n)$$

式中：TU 为总效用；效用函数中各变量 X_1、X_2、$\cdots$、X_n 为各项决策目标或准则；决策方法是从一系列行动方案中选择出在该效用函数形式下，即各目标或准则综合下的最大总效用的行动方案。函数形式根据目标或准则的关系在最高可接受度下被确定下来，常见的函数形式多为线性，包括简单线性加和、加权线性加和等。在项目运行的不同时期或不同阶段函数形式可能会发生动态变化，如在项目实施初期主要目标或准则的权数通常较其他因素更大，但随着项目的运行、主要目标的实现，其他因素的权数可能做相对调整。

实践中，该方法兼顾了社会和群体更多的思路和想法，参与的决策者可能更多，大多数意见都被提出和考虑，因此得到了更广泛的应用。在该决策体系中，费用效益或费用效果方法的分析结果一般是基础准则或目标被纳入，但随着影响因素的增加，其决策难度也在增大。

3. 风险决策分析法

当活动可能涉及重大风险事件时，或对风险是首要考虑因素的活动来说，需进行风险决策分析。风险决策分析是费用效益或费用效果分析的扩展，其专门针对风险进行经济评价。该方法在应用时，"什么也不做"或"不行动"的行动方案作为重要的选择方案，其结果就是风险后果的发生，而该方案的效益是未投入的预防费用产生的节余。对其他行动方案则采用预期值和灵敏度等风险评价方法判断每种方案可能产生的费用和效益。最终该方法是采用价值单一准则或多准则的多目标决策方法来进行决策。

具有重大风险时，不是每种可能性结果都能够明确预测和详细展示，行动方案的费用和效益也不可能都被归因和客观计量。可接受风险分析法作为一种相对折中的方法在风险决策分析时得到了更多的应用，该方法可进行基本的判断，即判断怎样的安全才是足够的安全，或者判断最低能承担的风险程度。

由于方法本身部分参数和数据结果的非精密性和争议性、社会公众认知水平的限制、投入品的机会成本、相关利益团体的影响等，可能存在最终决策结果与上述各类经济评价方法结果并不一致的情况。

思 考 题

1. 什么是环境经济评价?
2. 环境经济评价主要被应用在哪些领域?
3. 决策中常用的环境经济评价方法有哪些?

第七章 环境污染管制

现代社会，当企业被强制安装和运行与获取利润无关的污染物处理设备，个人或家庭在消费中使用相对清洁但昂贵的能源、为废水和垃圾的无害化处理付费时，意味着人们的行动受到环境管制。减少环境污染损害是环境管制的主要目的之一，也是政府干预市场的主要原因之一。

对待环境问题，政府统一管理被证明是必要的。政府干预环境问题的主要原因在于其外部性和公共物品属性。对于环境污染这类公共"厌恶品"，在市场无效的情况下，政府的管制介入会尽量予以矫正。在传统的市场中，政府管制主要针对不完全竞争和不完全信息等现象，以提高公共利益为管制目标。而环境污染与这两种情况不同。一般对于私人市场无效的公共物品，如国防、公路等基础建设类设施的公共物品，政府有效的做法是脱离私人市场，直接提供物品或服务。对于环境污染这类公共"厌恶品"，政府管制方式通常是制定一套制度和规则来限定这些公共"厌恶品"的私人供给，如限制产生污染物的产品的生产量或强制无害化及减量化排放污染物。

第一节 环境污染的政府干预

政府是必不可少的环境污染的管制者，在复杂的环境污染问题中面临着管理对象的确定、管理手段的选择、污染成本与管理利益的分配等多重难题。

一、环境污染的复杂性

以农业生产中含氮化肥的使用为例。氮肥是世界化肥生产和使用量最大的肥料品种之一，适宜的氮肥用量对农作物来说可提高产量、改善质量。现代人工氮肥的主要成分为合成氨，包括硫酸铵、硝酸铵、尿素、碳酸氢铵等。但土壤中的氮肥被农作物吸收的吸收率为 30%～70%，其余的氮肥则通过挥发、径流和淋溶作用进入大气或水体，对生态系统造成一系列负面影响，其中影响最大且关注最多的是对地下水和地表水体的硝酸盐污染、地表水水体氮浓度过高导致的水体富营养化，即硝酸盐污染导致水体质量下降，水体富营养化导致鱼类生物的大量死亡等。

在这个过程中，人们可在氮肥使用源头、迁移路径及终端危害控制等几个方面来减轻影响。源头上可以改变生产原料投入比例和生产流程以减少氮肥的使用，按目前的生产水平来看，大多数情况下产量是减少的；迁移路径上可以通过安装收集含氮废水的排污管来阻隔径流和淋溶方式的转移；当已经影响到地表水和地下水质量，可以通过物理、化学、生物或综合的各种终端治理措施与工程来降低含量；人们自身也会采取饮用净化水、减少在这类污染水体的暴露时间等方式来规避污染风险。但这些措施和方法的效果都不理想。源头上改变生产方式的进展缓慢、在农田安装收集废水装置的工作更是少见、终端污水治理工程投资高成效低、人们的规避选择极大地降低了舒适度……最主要的原因是，污染物汇聚到自然界的水体、空气和土壤后通常很难定量监控其来源，无法精准确定排污主体和排污责任，使管理措施在一定程度上缺乏有效性和可行性。因此，在现实管理中采用的实用方式通常是定期监测自然水体、空气及土壤中的污染物浓度，根据浓度的高低实施以环境质量标准为基础、以控制污染物排放总量为核心的环境质量管理制度，很显然，这是一种折中方式的管理。

二、不可（难）降解污染物和可降解污染物

污染物是生产或消费中产生的副产品或残余物，管理其造成的环境污染是一个复杂的系统工程。对于污染源这个管制对象，首先必须确定适当的污染物水平，其次当需要削减污染物排放总量时，要在不同的污染源之间合理分配减排数量。而污染物根据其排放和迁移转化特性、自然生态环境对其的消解能力、影响区域及影响维度等有着不同的特点和影响，那么对其的管制也应采取不同的对策。自然生态环境对污染物的消解能力是决定该种污染物可排放量的重要影响因素，据此污染物分为可降解污染物和不可（难）降解污染物两大类。

不可（难）降解污染物通常是指在自然生态环境中不被或很难降解为对环境无害物质的有机污染物和不能被转化（不涉及从大分子到小分子的降解过程）为对环境无害物质的无机污染物，即自然环境对其没有或只有很小的消解能力或消解速度非常慢的物质，主要包括大部分塑料（如聚乙烯、聚氯乙烯）、持久性有机污染物（如 DDT、艾氏剂、二噁英、多氯联苯、溴系阻燃剂）以及无放射性的金属污染物（如铅、汞）和放射性污染物等。有些不可（难）降解污染物不但降解时间漫长，而且在降解过程中还会产生对环境有害的物质甚至毒性很强的物质，并且最终不能被降解为对环境无害的物质。

反之，可降解污染物就是指自然生态环境对其有一定的吸收和消解能力的污染物，这类污染物在进入自然生态环境后，可能转化为对人类或自然生态系统无害的物质，或者可能被分散或稀释到无害的浓度。

不可（难）降解污染物会随着排放量的增加不断积累。铅、汞等重金属污染物会在排放源附近的土壤里累积，而持久性有机污染物（POPs）可通过大气等介质长距离迁移，进而对远离污染源的偏远地区造成污染。因此，对不可降解污染物除了要注意其长期性外，还要关注随着时间延长其影响区域范围越来越大的影响。

对于可降解污染物，只要排放的速率不超过生态环境的吸收和消解速率，污染物就不会累积到更有危害的量或浓度。当可降解污染物排放量超过自然生态环境的吸和消解能力时，也存在一定程度的累积效应。这种累积效应的外部性特点决定着我们不能听任市场机制的资源配置功能自发地起作用，尽管其在受到关注和管制后是可以消除的。

三、环境管理政策方式

具有强大权威性和执行力的政府在环境管理中可以直接要求企业、个人或家庭不再

生产（消费）或减少生产（消费）某种商品或服务，也可以通过半强制性的经济手段及道德提倡引导人们改变行为方式以减轻或消除其行为对环境和生态资源产生的有害影响、保持或改善环境质量。政府在实施环境管理时，通常会综合地采用强制实施的命令控制、改变成本和收益的经济激励和宣传教育为主的道德引导型等管理方式。

1. 命令控制型

命令控制型环境政策是指强制执行的各类环境法规，通常包括环境标准、必须执行的法规或不可交易的排污配额等。根据对污染承受水平的衡量和监测执行能力的综合考虑，环境标准体系包括投入品标准、生产工艺技术标准、污染物排放标准及环境质量标准等。排污者面对的通常是直接的管制，即在考察排污的种类、方式和数量的基础上得到一个明确的污染物排放允许的限额，其行为受到这个限额的要求，超出限额的部分会受到罚款、停业等形式的处罚。其政策目标明确，以强制执行为行动方式，实施成功可以快速获得预期的环境效果和目标，并为进一步实施其他环境管理政策提供法律法规的基础保障。

但是在这一类管制方式中，需要制定科学有效的环境目标，经过政府各环节部门相对繁杂的博弈和规范化程序进行立法、实施和监察、惩罚等步骤才能实现，通常需要高额的行政成本。为保证政府的权威性和为企业提供相对稳定的政策性预期，各类环境法规的出台对政府来讲必须慎之又慎，其建立和更新相对于技术和问题是滞后的，即很大程度上缺乏灵活性，多数情况下对企业创新的鼓励促进作用较小。

2. 经济激励型

环境经济政策一般是指公共环境管理部门从环境和生态影响的成本及效益入手，引导经济当事人进行行为选择，最终有利于环境和生态保护的政策手段。广义上说，对环境和经济都有影响的政策和手段称为环境经济政策，狭义上说，环境经济政策是指足以影响经济主体的可选择行动的费用和效益的政策与手段，一般是指按照市场经济规律的要求，运用价格、税收、财政、信贷、收费、保险等经济手段，调节或影响市场主体的行为，以实现经济建设与环境保护协调发展的政策手段。它以内化环境成本为原则，对各类市场主体进行基于环境资源利益的调整，从而建立保护和可持续利用资源环境的激励与约束机制。这类政策一般具有明显的利益刺激因素，其主要功能通常表现在筹集资金和行为激励两个方面。与传统行政手段的命令控制型的外部约束相比，环境经济政策兼顾"激励惩罚"和"内在约束"，具有促进环保技术创新、增强市场竞争力、降低环境治理成本与行政监控成本等优点。执行时以市场为基础，着重间接宏观控制，通过改变市场信号，影响政策对象的经济利益，引导其改变行为，不需要全面监控政策对象的微观活动，大大降低了政策执行成本。此外，它不强制环境责任者服从，把具有一定的行为选择余地的决策权交给环境责任者，使环境管理更加灵活，适用于具有不同条件、能力和发展水平的政策对象。在有效地筹集、分配和使用保护环境所需的资金方面也存在着无可比拟的优势。

3. 道德引导型

政府还可通过宣传、教育、各类生态环保绩优评比从社会道德的建设层面引导企业或个人自愿的环保行为。通过引导和激发环保社会责任的道德建设，企业和个人会更倾向于表现出非政府或政策管制的自愿意愿。非官方环保团体、企业的非强制下环保友好方向的工艺改进和产品升级、个人的绿色消费等环保行为的广泛发展，均与政府有意加强的宣传、教育及各级行政部门甚至社区的相关评比评优类社会活动的组织开展有关。其行为纯自愿，效果完全取决于企业或个人意愿，政府只是加以引导，并未纳入有效的强制环境管理体系。

政府的管制过程通常由建立法规、管理执行和司法监察等相对独立的机构和环节组成。由于环境问题的外部性和公共属性特点，排污者和消费者自主采取有利于环保的行动效果无法保证，政府管制的每一环节缺一不可。

同时，由于环境管制在短期看并不符合排污者的最佳利益，政府作为公众利益的代表，面临来自作为主要排污者的生产者（消费者）和公众的双重压力。环保政策在干预源头、路径、终端等各个环节面临许多选择，不同的政策选择会产生不同的成本分担和利益分配结果。加强污染源管理一定会减轻后期各个环节的压力，但这时就面临着减排成本和生产效率的两难抉择，来自排污者的阻力也会随着管制压力的升高而增加。而广大消费者既要求使用高性价比的产品和服务，又要求保持良好的环境质量水平，这直接关系到政府的执政能力。因此，政府在环境管理中不得不重视成本分担和利益分配问题，包括排污者的减排成本、各类治理措施的社会经济总成本及管理成本、污染减排或环保行业发展的利益分配等。

环境污染的产生和影响通常是复杂的，政府在应对复杂的污染问题时在起到矫正作用的同时，也通常会由于行政管制成本或社会实施成本高昂、管制时效过长而导致更多的污染或更低的效率，即产生所谓的政府失效。

第二节　环境经济政策

在环境管理不得不考虑成本和效率时，直接利用市场机制，为被管理者提供更为灵活选择的环境经济政策从 20 世纪 80 年代起就被世界各国的环境管理工作广泛引入和应用。相比于命令控制型和道德引导型手段，实施经济激励型的环境经济政策具有成本低、激励作用显著、执行效果有一定保证度等诸多优势。

一、管制中的经济学原则

1. 环境容量原则

环境容量是指在保证不超出环境目标值的前提下，区域环境能够允许的污染物最大允许排放量。理论上排污总量小于环境容量，但环境容量随着区域的社会功能、环境背景、污染源位置及排污方式、受纳体自净能力等的变化而变化。同时，排污总量从技术上确定输送来源存在一定难度。近代频发的局部或区域环境污染事件表明，环境容量已表现出一定的不足。

　　环境容量在经济学中被视为一种资源，对环境容量利用不足或者不利用，是资源配置的低效率或无效率的表现。但区域环境容量是有限的，对环境容量利用过度甚至损害环境容量，同样是资源配置的低效率或无效率的表现。

　　在环境容量之内，决定污染物有效排放水平的两个相对较为重要的决定因素是边际治理成本和边际损害成本，如图 7-1 所示。通常情况下，边际治理成本随着排放水平的提高而减少，即图中向右下方倾斜的曲线 MAC，边际损害成本随着排放水平的提高而增加，图中用向右上方倾斜的 MEC 曲线表示，治理成本与损害成本之和是社会总成本。损害成本表现为对社会的外部不经济性。在环境管制宽松的情况下，厂商基于利润最大化的动机，会提高排放水平，降低边际治理成本，这时会出现比较高的损害成本和社会总成本。如果对厂商实行严格的环境管制，此时排放水平虽然降低了，但是治理成本过高，也造成了比较高的社会总成本。因此，无论是环境管制过于宽松还是过于严格，都会导致低效率的资源配置。理想的排放水平和治理水平位于边际治理成本等于边际损害成本的交点，即图中的 E 点处，此时社会总成本最小，资源实现有效配置。偏离 E 点时，无论是左侧区域还是右侧区域，社会总成本均会上升。

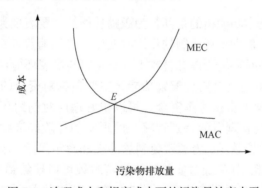

图 7-1　治理成本和损害成本下的污染量效率水平

　　在环境管理实践中，由于政治、社会、经济、技术等多方面的因素，经常无法获得有关边际治理成本和边际损害成本的准确信息，因此代表有效率的污染水平的 E 点只可能近似获得。随着科学技术的进步，边际治理成本曲线的总趋势会向左移动或变得更陡峭，有效率的污染水平随之降低。

2. 等边际原则

　　当把生产与消费放在一起考虑时，有效率的必要条件是在生产过程中两种商品之间的边际转换率和消费过程中两种商品的边际替代率是相等的，即等边际原则。即在控制不同的排污者的污染排放时，如果这些排污者排放的是同一种污染物，为了实现帕累托效率，所有排污者排污控制的边际成本应该是相等的。

　　当发生与等边际原理不符的情况时，即排污者排污控制的边际成本有高有低时，只要简单地将高边际成本减污量由低边际成本的排污者承担，就实现了帕累托改进，潜在的帕累托相关外部性就得以消除。

3. 污染者付费或受益者付费原则

污染者付费原则由经济合作与发展组织（OECD）于 1972 年推荐，目前世界上大多数国家都在采取这一原则制定相关的环境经济政策。这一原则的定义是：污染者应该承担由政府决定的控制污染措施的费用，以保证环境处于可接受的状态。即在生产过程或消费过程产生污染的产品和服务的成本中，应当包括这些控制污染措施的费用。这一原则首先区分了污染者和被污染者之间的责任分割，明确指出污染问题由污染产生者负责，尽管污染的产生在多数情况下是为包括众多的被污染者在内的消费者生产商品。

污染者付费原则在现实中很快引申出了受益者付费原则，而受益者付费原则在生态补偿制度中得到了更广泛的认同。很多环境物品具有很高的外部生态效益，但保护的机会成本是由该环境物品周边区域的民众承担的，对该区域民众进行的生态补偿在没有明确的获利方支付时，通常是由公共财政支出的，这就是基于社会受益的原则，由全体受益者来付费的原则下实施的。

二、环境经济政策的基本功能

环境经济政策的基本功能指的是其行为激励功能。主要表现为通过将外部不经济的环境费用内部化过程，借助市场机制的作用改变生产者和消费者原有的行为模式，纠正或减轻他们原有行为中对环境资源有害或不利影响，与实现环境目标具有因果一致性。

多数环境经济政策还具有资金配置功能，主要包括对资金的聚敛、重新分配和使用。部分环境经济政策可直接筹集资金，可以很好地应对制约环境保护事业发展的资金不足问题，由此受到管理者的特别青睐。但现实的环境经济政策中资金聚敛通常来自排污收费、环保事故罚款等，为了避免利益冲突和政策风险，政策制定和实施部门可能会尽量淡化这一功能。如果通过实施环境经济政策可以聚敛到大量的环境保护资金，至少在某种程度上说明破坏环境的行为尚未改变，环境状况亟待改善。于是资金的聚集作用又需要加强资金的重新分配和使用功能，只有聚集到的资金切实有效地应用到环境污染治理、环境和生态的管理及维护中，才能真正发挥环境经济政策的资金配置功能。

三、环境经济政策的类型和实施条件

为了解决环境问题的"市场失灵"和"政策失效"而引起的低效率和不公平，环境经济学家提出了一系列基于市场的环境经济政策手段。目前世界各国实施的环境经济政策主要基于两类理论：一是基于新制度经济学观点，主要包括明晰产权、可交易的许可证等，主要是通过"看不见的手"，即市场机制本身来解决环境问题，又称为建立市场型政策，即所谓的"科斯手段"；二是基于福利经济学观点，即通过现有的市场来实施环境管理，具体手段有征收环境税费、取消对环境有害的补贴等，主要是通过"看得见的手"，即政府干预来解决环境问题，其核心思想是由政府给外部不经济性确定一个合理的负价格，由外部不经济性的制造者承担全部外部费用，又称为调节市场型政策，即所谓的"庇古手段"。这两类环境经济政策的共同之处都是为了使外部费用内部化；为了实现环境目标，允许通过成本和收益的比较，选择一种最佳行动方案。

到目前为止，世界各国环境经济政策常采用的经济手段主要有以下九大类。

（1）明晰产权，包括所有权、使用权和开发权。

（2）建立市场，包括可交易的排污许可证、可交易的环境股票等。

（3）税收手段，包括污染税、产品税、出口税、进口退税、税率差、资源税、税收优惠、免税等。

（4）收费，包括排污费、使用付费、资源（环境）补偿费等。

（5）罚款，包括违法罚款、违约罚款等。

（6）金融手段，包括绿色贷款、贴息贷款、优惠贷款、商业贷款、环境基金等。

（7）财政手段，包括财政拨款、赠款、部门基金、专项基金等。

（8）责任赔偿，包括法律责任赔偿、环境资源损害责任赔偿、保险赔偿等。

（9）证券与押金制度，包括环境行为证券、废物处理证券、押金、股票等。

这些经济政策被用于控制个体、区域甚至全球性的污染物排放，自然资源的保护和利用，流域、区域的综合环境管理，解决国际和全球性环境问题及其他生产和消费领域的环境问题等。

实施以市场为基础的环境政策和管理手段，必须具备以下条件。

1. 比较完备的市场体系

环境经济政策是环境管理部门通过经济刺激手段，直接或间接调控管理对象的行为。因此，环境经济政策成功与否，取决于市场的完善程度。如果市场功能不健全，管理者就失去了传递意图的中介，或者导致市场信号失真；而管理对象可能对市场信号反应迟钝，甚至不发生反应和不在乎市场是否存在，最终导致环境经济政策的效率降低甚至失败。同时，信贷、债券和保险市场在经济激励的应用中非常重要，只有一个完备的市场体系，才能保证缺乏资金的中小企业能够得到足够的资金应对管理部门出台的环境经济政策。否则，环境经济政策会对中小企业产生不利影响，最终影响政策的实施效果。

2. 相应的法律保障

市场经济是法制的经济，同理，参与市场运行的环境经济政策，只有在相应的法律保障之下，才具有合法性和权威性。因此，制定环境经济政策时，必须首先寻求法律体系的支持。一方面如果某项环境经济政策与现行法律相冲突，除非修改有关法律条文，否则政策不能被执行。另一方面，如果拟议的环境经济政策与现行法律不相符，也必须获得法律认可，赋予政策合法地位。这种法律保障除了确保该政策的合法性之外，还要授权主管部门制定政策的实施细节和管理规定。

3. 环境信息系统与信息公开

必要的数据信息是环境经济政策制定与实施的重要条件。管理者实现最优水平的经济激励需要多方面的信息，包括不同激励制度的成本和收益以及对于相关者的识别、污染控制技术的可行性、制度上的限制等。这些信息需要被收集、储存、公开、传播，用以提供一个充分的信息基础来实施经济激励。同时，政策的被动接受者要对政策实施的相关信息有充分的了解和预估，以便根据政策激励导向调整自己的市场行为，为决策者进一步地调整和升级经济激励政策提供实践基础。

4. 相应的管理能力

环境经济政策的有效执行需要必要的制度机构、配套资金和管理人员。大多数环境经济政策都是政府推动和主导的，市场不会自发做出反应。立法、监测、实施、监管等全方位管理中的任何环节缺位都将造成政策实施过程中的瑕疵以致引发不良后果。尤其是环境问题特有的污染物排放和环境质量监测在政策实施与事中、事后的监管过程是非常重要的，当监测能力不足时，多数经济政策的实施都会成为空谈。发展中国家由于基础监测设施或制度的不完善，很多经济激励政策无法全面推行。

四、环境经济政策实施的影响因素

环境经济激励类政策与命令控制型政策相比具有更大的灵活性和相对更为显著的促进企业创新的激励作用，但影响其实施的因素也很多，特别是受到对复杂的环境变化的适应性不佳及政治性等因素影响，其应用在现实中受到一定程度的制约。主要影响因素包括以下几个方面。

1. 政策的可接受度

必须承认的是，新的或是更严格的环境经济政策通常会增加行动成本，增加的成本对绝大多数被管制者来说是不是可以客观承担的、主观上又能否接受是考虑政策可接受度的主要问题。如果政策的可接受度较低，则实施效果可能会不理想。

有些环境经济政策付诸实施后，会特别影响一些部门、地区或团体的利益。受影响的利益集团也可能会采取相应的反实施措施，抵制环境经济政策的施行，当反对的力量强大到足以影响政治决策过程时，该项环境经济政策就会被修改乃至被放弃。因此，权衡一项环境经济政策能否施行，有必要评价其政治和社会的可接受程度。

2. 相关政策的制约

现行的法律法规为环境经济政策的实施内容和形式划定了一定的框架，在此范围内，环境经济政策与其他经济政策之间的关系只能采取配合而不能相互冲突。例如，在我国建立环境保护基金或投资公司，根据有关政策规定，必须经由中国人民银行批准；从国外融资，要经过有关部门批准并符合国家控制外债规模的要求；基金的资金规模要符合计划和财政部门的宏观投资计划。否则，一些在环保部门内部合理的、有意义的设想，一旦放在国民经济运行的背景之下，可能会同国家的宏观经济政策相抵触，而不具备现实可实施性。

3. 管理的可行性

管理的可行性既影响环境经济政策的选择，又影响具体政策的执行。例如，荷兰1988年实行的环境税，因税种太多，难以管理，因而在1992年将五种税改为一种税。对于可交易的排污许可证制度，许可证的分配、建立市场框架及保障制度体系均需要较高的技术含量，也在一定程度上妨碍了这一制度在国家或地区的广泛应用。

4. 公平性的考虑

对社会公平性的考虑也会制约一些环境经济政策的选择与使用，因为有些经济手段的实施可能会引起社会不公平问题。在污染者付费原则下污染物排放的管制对象是污染者，由污染者控制污染措施的费用。但现实中的一些研究成果表明，在市场机制中最终的费用可能通过产品价格上涨被转嫁给终端消费者。同时，如果排污者并没有承担全部的控制污染的成本和环境损害的成本，则环境损害的公共物品属性就意味着污染者未承担的部分仍由社会公众承担。同样的费用对于产品数量不同的生产者、收入不等的社会阶层，其意义和影响是不同的，对中低收入者的福利影响显然更大。这些不公平问题都会对环境经济政策的制定和实施产生很大影响。

5. 提高市场竞争力

环境经济政策最终要参与国民经济运行，发挥宏观调控的功能。一些部门和地方政府担心，施行环境经济政策会给企业造成经济负担，影响经济效益，最终削弱本部门或地方产品的市场竞争力。因此，可能会对一些环境经济政策持消极或抵触态度，干扰环境经济政策的实施。但也有经济学家认为，严格的环境管制对企业环保技术的创新和应用是一种强有力的激励，对企业取得长期竞争优势是有利的。

6. 产业政策的协调

各级政府为实现特定时期的经济目标而制定的一些产业政策，也会影响环境经济政策的实施。例如，为扶持和保护国内某种产业，对进口产品征收高额关税，为鼓励出口而对有关产业或企业提供补贴等。这些政策在一定时期内和减少排污量的环境经济政策的实施目标通常是相悖的，产品的生产地区更多地承担了资源消耗和环境质量下降的外部性影响。

环境经济政策在以上各种因素的影响下，其多年的实施仍与环境经济学家对其优势的预期有一定的差距，它更多的时候还是对命令控制型政策的补充和发展，有待进一步完善、创新和发挥作用。

专题13　权衡与补充：重污染应急管制

我们在正文部分分析的只是通常情况的管理理论和管理原则，而在面对突发状况时，环保领域创新性地引进了应急响应管制政策，对有环保事故风险的责任人要求进行应急预案的设计、建立应对制度和对相关人员进行培训演练的管制措施也在逐步落实和普及。

应急响应机制通常是指由政府推出的针对突发公共事件而设立的各种应急方案,通过该方案使损失减到最小。突发公共事件主要分自然灾害、事故灾难、公共卫生事件、社会安全事件等 4 类。主要涉及公共安全及对健康的区域性大范围影响的事件,如防汛抗旱、森林火灾、禽流感疫情、新冠疫情等的应急响应机制。

在中国的北方地区,大部分城市都公布了重污染天气应急预案。当由气象部门预测出未来几天(或一周)会发展不利的气象扩散条件而发生严重的大气污染时,根据污染指数进行精确分级,并启动相应级别的应对措施,包括工厂临时性的停产或减产、临时停止建筑施工扬尘工序的作业活动、不同人群减少或停止户外活动建议、交通管制措施等。随着管理技术的进步,为合理保障民生,应对措施已被要求做到"一厂一策",人口密集的大城市中交通管制也被管理到每一辆车的出行是否受限的精准程度。

资料来源:关于加强重污染天气应对夯实应急减排措施的指导意见. 环办大气函〔2019〕648 号。

第三节　调节市场型经济手段

按照每单位污染向排污者收取税或费用来管制污染,被认为是在给污染定价。与同市场上其他商品或服务的价格所起的作用类似,污染价格会给排污者一个信号,即污染是一种成本,降低污染即可节约生产成本,是经济可行的。

给污染定价这一理论思想是英国经济学家庇古 1920 年在其代表作《福利经济学》里提出的。现在人们也经常把针对污染排放所征收的各种税费统称为庇古税,主要是指向排污者按照单位数量污染物收取排污费用来管制污染的收税(费)的方式,是一种纠正市场失灵,将外部性直接内部化的管理方式。该方式采用政府的经济干预手段来解决环境问题,被认为是环境管理中调节市场型的管理手段。

一、排污者的反应

通常作为排污者的企业,在追求最高利润的生产过程中,会将税(费)视为成本,而企业对于成本通常会追求最小化。如果税(费)率为 P,当企业的排污量为 X 时,此时企业生产的总成本可以假设为

$$TC(X) = C(X) + P \cdot X$$

式中:$TC(X)$为总的生产成本;$C(X)$为除排污税外排污量为 X 时的其他成本,它可能与 X 的数量大小有关,当生产函数形式确定时,通常随着产品生产数量的增加,排污量 X 也会增加。

排污收税(费)会迫使排污者减少污染物排放量。如图 7-2 所示,假设庇古税率水平确定为 P 时,边际减排成本不同的企业 1 和企业 2 会根据 P 进行不同的减排量选择,直到减排到边际成本等于庇古税为止,超过税率 P 的边际减排成本的增加对企业来说是不经济的。当所有排污者面临同一排污收税(费)水平时,即面对的是同一污染价格时,等边际原则就自然地成立了。

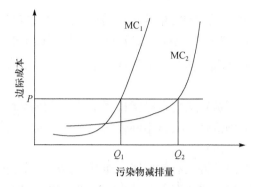

图 7-2　排污收税（费）下排污者减排行为选择

企业 1 的减排成本为 MC_1，企业 2 的减排成本为 MC_2；当庇古税为 P 时，减排量分别为 Q_1 和 Q_2

二、排污收税（费）

庇古主张的对污染者征税（费）是一种特殊的污染排放费，用以弥补环境问题外部性中私人成本与社会成本之间的差距。当污染达到有效率的水平时，税率理论上等于受害者边际福利和边际生产的损失，即等于污染排放造成的总边际损失。

图 7-3 中，分别设计了 2 个生产同样产品但边际污染控制成本不同的排污者和 2 个个人受体的情况。为把曲线统一在第一象限，将排污者的边际成本看作多排放 1 个单位污染物后带来的边际节约成本，即 $MS = -MC$，2 个污染源的边际节约成本分别为 MS_1 和 MS_2，总的边际节约成本为 $MS = MS_1 + MS_2$。而受体由于污染物排放受到损失，对于个人 i 来说，其受到的损失为 $D_i(Q)$，总边际损失为 MD，当只有 2 个受体时，$MD = MD_1 + MD_2$。边际节约成本随污染物排放量的增加而减少，边际损失则随着污染物排放量的增加而增加。

图 7-3（a）表明，在单个排污者情况下，最优水平的排污量应该是边际节约成本与总边际损失的交点，即庇古税率 P^* 为

$$P^* = MD(Q^*) = MS_1(Q^*) = -MC_1(Q^*)$$

图 7-3（b）表明，在 2 个排污者的情况下，最优水平的排污量应该是总边际节约成本与总边际损失的交点，即排污税（费）率 P^* 为

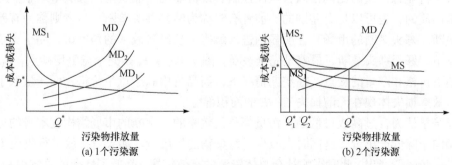

(a) 1 个污染源　　　　　　　　　　(b) 2 个污染源

图 7-3　1 个和 2 个污染源下排污税（费）率水平的确定

$$P^* = MD(Q^*) = MS(Q^*) = -MC(Q^*)$$

在 P^* 的税（费）率水平上，不同的污染源将在同样的边际成本水平上控制污染，即所有排污者污染控制的边际成本将是相等的。高边际污染控制成本的排污者排污的控制数量少，在图 7-3（b）中表现为 $Q_1^* < Q_2^*$，即低边际成本的排污者 1 将低于高边际成本的排污者 2 的污染物排放量。

综上，排污税（费）率被定义为在最优排污水平的边际控制污染成本或总社会边际损失，如同一般商品的市场价格，具有不同边际污染控制成本的排污者可以据此获得污染物排放量的正确"价格"信息。

排污税（费）可以促进资源的有效配置，能够使污染减少到帕累托最优水平。污染者权衡保持污染水平所支付的税（费）和减少污染少交税（费）所获得的收益，控制成本小于税率，则污染减少，直到二者相等时，达到污染最优水平。其有动态和静态两方面的优势：在静态条件下，因为只要有排污就会被征税（费），企业出于少交税（费）的目的也要控污；在动态方面，企业通过技术进步可以减少对未来税（费）的支付。排污税（费）这种提供进一步减少污染的动态效率与静态效率是该管控污染物排放量的最大优势。

税（费）的征收对象为外部损失的产生者。而对受害者一方，排污税（费）认为不需要采取任何补充措施，受害者受到的损失已经引导其采取有效的防护措施。

三、市场结构影响

市场结构通常是指规定构成市场的卖者（企业）相互之间，买者相互之间以及卖者和买者集团之间等关系的因素及其特征。在产业组织理论的具体研究和实践中，主要分析产业内卖者之间的关系和特征。依据卖者之间的关系，市场结构通常根据该市场中可容纳的厂商个数，资源是否自由流动，进入市场是否存在壁垒，产品是否具有同质性等划分为三类：完全竞争市场、完全垄断市场和介于二者之间的不完全竞争市场，不完全竞争市场主要指垄断竞争和寡头竞争。垄断竞争是指许多厂商生产并出售相近但不同质商品的市场现象。寡头竞争指一个市场只有少数几个卖方，产品或是标准化的或是有差异的，这一类厂商通常受到壁垒的保护，是同时包含垄断因素和竞争因素而更接近于垄断的一种市场结构。它的显著特点是少数几家厂商垄断了某一行业的市场，这些厂商的产量占全行业总产量的比例很高，从而控制着该行业的产品供给。寡头垄断企业的产品可以是同质的，也可以是有差别的。前者有时称为纯粹寡头垄断，后者则称为有差别的寡头垄断。寡头垄断的市场存在明显的进入障碍。从经济效率的角度讲，完全竞争好于垄断竞争，好于寡头垄断，最差是完全垄断。图 7-4 中，E_c 是完全竞争均衡点，E_m 是完全垄断下价格和产量的交点。在垄断情况下，商品价格高于竞争价格，而产量低于竞争产量，效率损失体现在无谓损失 $C + E$ 的面积部分。

经济学认为，过高或过低的排污量都是无效率的。垄断的市场结构在本身的运行中通常倾向于降低产出量，这同时也减少了污染物的排放量。如果对排放进行收税（费），则会进一步降低产出，此时影响社会总体资源的有效配置，降低了社会的总体福利水平，也是低效率的。

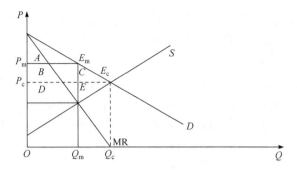

图 7-4　完全竞争与完全垄断的效率比较

MR 为边际收益；D 为需求曲线；S 为供给曲线；在竞争条件下，消费者剩余是 $A+B+C$，生产者剩余是 $D+E$，总社会福利水平是 $A+B+C+D+E$；而在完全垄断情况下，消费者剩余是 A，生产者剩余是 $B+D$，总社会福利水平是 $A+B+D$；损失为 $C+E$

图 7-5 是竞争与垄断条件下外部性福利分析。图 7-5（a）中的竞争条件下，最优资源配置出现在 E_c 点，但由于存在负外部性，当外部性成本计入全部社会成本时，供给曲线向左上方移动，新的均衡点落在 E_s 点，要实现这个调整，只要将庇古税定为 E_s-F 即可。征收了 E_s-F 的庇古税后，供给曲线由 S_p 移动到 S_s，外部性被内部化，外部影响被消除。而在图 7-5（b）中的完全垄断条件下，忽略污染损害时，完全竞争企业会在均衡点（P_c，Q_c）处生产，而垄断企业会在（P_m，Q_m）处生产，竞争条件下企业产出较多而价格较低，则竞争均衡时的污染损害由于生产较多会超出垄断均衡。将外部性污染损害计入成本后，均衡点在（P_s，Q_s）。在该模型的设计中，垄断产量外部损失后低于社会均衡产量，实际上，我们只能定性地判断出垄断企业的产量低于竞争条件企业的产量，并不能确定垄断条件下的产量与社会均衡产量的关系。这只是一种通常的趋势，垄断企业确定低产量的目的不是为了消除外部影响，而是为了获取更高的利润。垄断企业把商品价格定位于高于边际成本处，产量会降低。而在同时受到产品的需求弹性和污染所造成的边际危害程度影响时，生产量可能又向反向变化。这两种相反的效应同时作用，实际的垄断市场表现可能更为复杂。

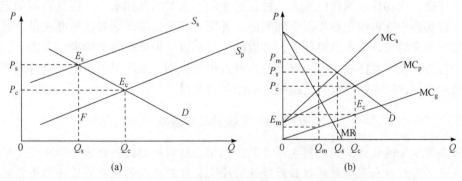

(a)　　(b)

图 7-5　竞争和垄断条件下外部性福利水平分析

（a）S_p 表示没有外部性时的供给曲线，S_s 表示包含外部性的边际社会成本曲线；（b）MC_p 为不考虑外部性损害的边际成本曲线，MC_s 为考虑外部性损害的边际成本曲线，MC_g 为边际外部损害曲线，如果外部损害相对较低，则均衡时的 MC_g 接近于零，垄断企业的产量 Q_m 就会低于社会最优均衡产量水平 Q_s；Q 为产品数量；P 为产品价格；D 为需求曲线于是，在确定排污税（费）的数量水平时，对完全竞争条件下的企业一般情况下只要征税（当然也有征收过多，降低福利的风险）就会有帮助。而垄断条件下的情况较复杂，当未征税的完全垄断下的产量不大于社会最优数量时，征税进一步增加企业成本，会降低垄断产品供给量，从而进一步降低社会的福利水平（此时可能应该补贴），反之征税才是增加福利水平的改进状态。因此，垄断等不完全竞争的影响和管理要比竞争条件复杂得多，在制定税率时要求对市场的均衡状态和结构都有精确的把握。

四、庇古税的作用

税收是世界上大多数政府获得财政收入的主要制度和形式，但大多数税收都会导致低效率的市场。例如，个人所得税的税率水平提高时，人们会以闲暇替代工作；当对某一种商品征收或提高税率时，人们会减少对该商品的消费……而庇古税被认为是一种中性税收，它通过税收的方式对生产和消费中的外部成本进行矫正，使边际私人成本与社会总成本一致，进一步促使产量和价格在效率的标准上达到均衡，属于所谓的"矫正性税收"，是试图纠正本来存在的市场扭曲而制定的税（费）制度。在达到减少与污染相关的社会外部性损失，即取得庇古效应的同时，如果还可以附带得到财政收入，即财政收入回收效应，这对缓解环保资金紧张有很大的帮助。

此外，征收庇古税在起到减少污染、调整社会资源配置的同时，也会引发其他一些协同效应。例如，某种外部性影响较大的产品在经庇古税调节降低了产量后，其替代品的生产量和消费量就可能会相应增加，整个人类社会会向生产和消费更少污染的产品方向转变。而产量的降低可以为劳动者获取更多的休闲时间，效果是减少了收入类税收的无谓损失。这种可能减少其他低效率税收对社会经济发展负面影响的效应称为除减少污染红利外的第二重红利，即庇古税被认为具有双重红利效应。

庇古税的实施难点在于，理想状态下税收必须等于社会最优产出点上的边际外部成本，这就意味着我们必须了解污染损失的准确货币值。与物种的灭绝、风景的改变和健康的影响类似，这一类损害的货币化度量结果很难达成社会共识，同时污染的影响不仅具有多样性、流动性、间接性和滞后性，且受限于人类的认知水平，还具有不确定性。因此，在实践中庇古税很难得以精确实施。各国对环境污染问题的变通办法是，通过设定环境标准来替代理论上的最佳点，并以此为目标设计税率和收费标准。事实上，只要对污染行为征税，就能在一定程度上产生庇古税的作用，虽然税负不能完全等同于理论上的理想水平，但实际税负与之越接近则作用越明显。

专题 14　税收的社会效果

经济学家普遍认为，税收制度在多数情况下会起到一定的扭曲市场和降低市场效率的负作用，有时公众希望看到扭曲后市场的改变，以纠正人们在新的认知水平下发现的以往不健康或不利的生产和消费方式，但收税的效果并不总是能达到目标。例如，用消费税来改变消费者的行为是较为普遍的做法之一，但有时候并不能得到预期的结果。为了增加政府的收入和减少对酒精的消费（这是对健康不利的生活习惯之一），泰国政府曾对啤酒征收较高的消费税。税制实施后，每品脱（符号为Pt，$1Pt = 0.568261dm^3$）啤酒的价格从 1.25 美元涨到 1.75 美元，啤酒的消费量降低了近 50%。但由于只是对啤酒征税，其他酒精饮料就变得相对便宜，消费者很快发现，用购买 1 品脱啤酒的钱可以购买同量的威士忌。结果是可替代的（如威士忌和其他酒类）饮料的消费量增加了。对啤酒征税的结果是，酒精含量更高的饮品消费量明显上升，实际上征税的结果可能增加了对酒精的消费。

在环境污染的税（费）问题上，由于市场结构的影响，以及污染管制不可避免地产生的各种间接成本、政治和社会压力等因素的影响，各国普遍都是从较弱的环境管制开始从事环境管理。在我国，特别是在实施"排污收费"的历史阶段，税（费）率相对处于较低的水平：排污收费标准多为污染治理设施运转成本的 50% 左右，某些项目甚至不到污染治理成本的 10%，对于污染控制缺乏激励作用，使排污者在多数情况下宁缴排污费而不主动减少污染排放。随着经济的发展和管理水平的提高，我国采用"环境保护税"替代了"排污收费"制度，收税项目和征收方式在得到进一步的完善和全面化的同时也为地方政府预留了一定的灵活实施空间。

资料来源：H 克雷格·彼得森，W 克里斯·刘易斯. 管理经济学. 4 版. 吴德庆，译. 北京：中国人民大学出版社，2003：528-529；华树鹏. 试论我国建立环境保护税的可行性. 吉林省经济管理干部学院学报，2004，（6）：18-20。

第四节　建立市场型经济手段

可交易的排污许可证制度是目前世界各国在环境经济激励类措施采用建立市场机制来解决环境问题的主要形式之一，在总量控制的管理前提下，为污染物排放量、渔业捕捞限额等环境物品提供明晰产权，并为之构建一个可交易的市场环境，通过市场交易的方式来提升环境管理、排污者治污等经济效率。

一、排污许可证的确定和分配

在环境管制中，必须达到区域环境质量目标或环境质量要求，确定区域环境容量，即明确污染物在区域内的总控制排放量，并将总排放量分配给区域内的相关排污者，为排污者规定各自的排污许可量。

区域污染物的总控制排放量的确定是一个技术性问题，除了受区域自然环境条件和社会经济条件的影响外，同时受到区域环境质量目标和标准的制约。因此，在执行过程中总排放量不是一个定值，一般变化趋势为逐年减少，以满足社会不断提高的环境质量要求。

许可证的分配通常采用无偿、竞价拍卖甚至奖励等多种形式。很多地区将这几种方式在同一种污染物许可证分配中组合使用，即一部分许可证被无偿分配给排污者，其他部分可能采用竞价拍卖的形式出售，价高者得，或者预留一部分作为储备或奖励形式加以分配。无偿分配由于受到的政治和社会阻力最小，在很多应用中都是主要的分配形式。

许可证分配对象的确定在不同地区或不同阶段也会有所不同。如果交易市场中仅有少量的参与者，交易将不活跃甚至不存在，通过交易促进边际治污成本的等边际原则就无法实现，许可证交易的优势难以体现。因此，在初期许可证通常被强制分配给同一污染物的排污者，这些排污者在产品种类及生产规模上有一定的相似性，尽可能地保证公平，以促进后续竞争性交易的顺畅进行；到实施后期，许可证分配给自愿加入该市场的参加者，自愿加入者的减排成本通常较低，这对降低交易体系的交易价格是有利的，因为只有预期在许可证交易市场中可获利的排污者才可能成为自愿加入者。

二、许可证的市场交易

当对排污者分配排污许可证并建立市场允许交易排污配额时，交易能够发生的根本原因在于不同排污者之间的边际减排成本存在差异。图 7-6 为两个排污者的情况，当排污者 1 和排污者 2 被分配了同样的减排量 Q^*，边际减排成本 $MC_1 > MC_2$ 时，排污者 1 将比排污者 2 付出更高的代价。当存在交易机制时，两个排污者之间可以以市场价格 P 进行交易。排污者 1 减排量减少到 Q_1，排污者 2 减排量增加到 Q_2，$Q_1 + Q_2 = 2Q^*$。在这个交易过程中，两个排污者都获益了：排污者 1 节约了 $Q^* - Q_1$ 部分的过高的减排成本，排污者获取了 $Q_2 - Q^*$ 部分的收益，即图中 $\triangle ABC$ 和 $\triangle BDE$ 的部分。

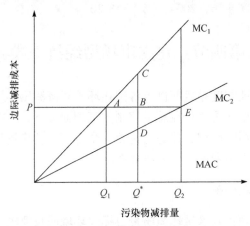

图 7-6　许可证市场交易原理

在多个排污者的许可证市场遵循的是同样的交易原理。同时，市场机制的优势在于无论初始许可证是如何分配的，市场均衡都会使市场中的排污者以相同的边际减排成本进行污染物减排，自动实现帕累托改进。

专题 15　排污权交易：美国的 SO_2 减排

根据 20 世纪 80 年代的统计结果，美国硫氧化物排放总量中 75%来自火力发电厂，其中 50 家设备落后的老火电厂的硫氧化物排放量占总排放量的一半。1990 年，为控制酸雨污染，美国开始实施火电行业 SO_2 排放总量控制和交易政策。以 1980 年为基准年，计划目标被分为两个阶段：第一阶段为 1995～1999 年，要求 110 家高污染发电厂的 263 个点源比基准年 SO_2 减排 350 万吨，许可证总数量控制在 700 万吨；第二阶段为 2000～2010 年，要求 2000 多家发电厂参加，目标是比基准年 SO_2 减排 1000 万吨，许可证总数量最终控制在950万吨。

（1）许可证的分配主要有3种形式：无偿分配、拍卖和奖励。无偿分配占分配量的97.2%，分配依据是参加机构三年的平均能耗水平。

（2）许可证的交易是酸雨计划的核心环节。在两个计划阶段的初期，市场交易活跃，许可证的市场流通率一度高达270%，其后随着排放量的有效控制，交易次数又开始快速下降。

（3）政策保障系统是许可证交易政策的关键。美国环境保护部门需要对交易体系参加的机构每年进行一次许可证的审核和调整，并检查许可证和排放的对应情况，相应地给予扣除或处罚。为此，特别建立了3个数据信息系统进行此项工作，包括排放跟踪系统、年度调整系统和许可证跟踪系统，以完成相关的排污监测、数量记录和交易记录，为实施有效管理提供所需要的完整精确的信息。

政策取得了实施效果：一方面控制酸雨的目标取得了极大成功，美国各地区2013～2015年年均硫酸型酸雨的发生次数与1989～1991年年均发生次数降低了68%～75%；另一方面实施交易后减排成本低的发电厂承担了更多的减排量，有效降低了社会平均减排成本。据学者估算，每年可节约火电厂SO_2减排成本的21%～33%。

资料来源：Shabdegian R J, Gray W, Morgan C. Benefits and costs from sulfur dioxide trading: A distributional analysis. // Visgilio G R, Whitelaw D M. Acid in the Environment: Lessons Learned and Future Prospects. Boston: Springer，2007。

数据来源：美国环境保护保护署。

三、实施条件

排污许可证交易市场作为人为构建的市场形式，与真实市场一样存在各种问题，同时作为人为构建市场，保障其顺畅运行的条件和规则作为该市场存在的前提和基础就需要首先确定下来，其主要需要的保障条件包括以下几个方面。

1. 有效的管理

市场中，排污者购买和出售排污许可份额的根本原因是排污时受到的限制，为此管理者必须精确掌握许可证的市场分布状态，每个持证者排污量的精确数据，并保证无证排污者和超额排污者受到比同量市场交易总值更重的处罚，即从整体上保证排污权的有效性。这就要求强有力的管理，任何一个环节出现漏洞都可能使市场无法建立和开展。

2. 保障市场交易秩序

正常的交易秩序是保障交易能够顺畅完成的基本条件之一，即建立的市场通常要促进和保障充分竞争、透明与充分的信息以及进入退出交易的自由权力。为此，在许可证的确定和分配时首先要将市场培育成一个市场规模足够大，即参与者数量足够多的市场，并明确和公开总量控制目标、时间限制、分配机制及结果等各种信息，并管制和处罚垄断、寻租等各种破坏市场交易秩序的行为，以保障市场正常的交易秩序。

同时，由于市场管制的特殊性，除了在交易时的搜索信息、议价和决策、执行等交易自身发生的交易成本外，污染源监测、排污权市场的建立、运行及管理等产生的额外的交易成本也必须考虑在交易成本之中。而当交易成本过高时，交易很难完成。这也是产权定理的核心难点之一，如果没有交易成本，在达到污染数量有效性产出水平的过程中，初始产权的分配是没有影响的。因此，降低交易成本，以有效的方式分配初始排污权并尽可能减少与交易相关的各种交易成本，特别是建立污染源监测的有效成本分担机制非常重要，经常关系到许可证市场的成败。

3. 污染物排放及影响的特殊性考量

排污权交易的主要目标是实现污染物的总量控制，但同时多数污染物的排放方式、途径、自然界对其的消解能力等因素都对人类社会及自然生态造成的后果有一定的影响作用。即许可证可能存在异质性，同样的许可排放配额由于污染源的位置、排放方式、排放浓度引发的环境影响是不同的。这些影响因素是制定总量控制目标必须考量的环保管制中的特殊性问题之一。

假设一条流速均匀的河流，岸边 A、B、D 三个污染源排放的同一种污染物会对下游受体 R 产生影响，在受体 R 之前设置水质控制断面，要求到达此处的污染物浓度最高不超过 c_0。如图 7-7 所示，在采用许可证交易管理制度时，A、B 的位置相对于受体 R 的浓度贡献是一致的，而 D 则不同。设 D 对控制断面的浓度贡献率是 A、B 的一半，即为达到对控制断面同样的影响后果，污染源 D 的减排量需要是污染源 A、B 的 2 倍。在这个案例中同量的许可证对 A、B 是一致的，对 D 则不同。类似的情况增加了许可证确定、分配中的难度和管理上的精细化要求。

对于在全球性质的环境污染问题，如影响地球气候的温室气体排放问题，相同的源排放量所产生的影响后果是相同的，与其排放的时间、地点的关系并不大。对此建立的许可证交易市场最大范围可扩至全球，但由于缺少强有力的管理者而后继乏力。

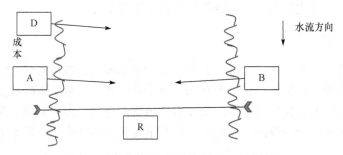

图 7-7　污染排放的异质性案例：位置差异

专题 16　庇古税与可交易的排污许可证

庇古税与可交易的排污许可证两种环境经济学管理手段的依据原理称为庇古手段和科斯手段，两种环境经济政策在实施时的途径和效果有很多不同，主要表现在以下几方面。

（1）庇古手段多依赖于政府。例如，依赖于政府对环境问题及其重要性的认识与掌握的信息。科斯手段则更多地依赖市场机制。如果不存在"政策失效"，两种手段都是可行的。

（2）庇古手段需要政府实施收费或补贴，管理成本较大；而科斯手段需要政府界定产权。在产权制度不健全，污染者数量又比较多的情况下，环境资源的产权界定比较困难，企业间交易成本较大，使得科斯手段效率降低。

（3）实施庇古手段可使政府获得直接的经济收益，而对于科斯手段，政府一般只获得环境效益。

（4）庇古手段提供的经济激励作用是有限的，因为费率或税率在一定时期内一般是固定不变的，而且经常低于治理污染的边际成本，且对所有厂商的标准都一样。而科斯手段由于构建了减污的可获利的市场，一般能更大程度地激励厂商采取措施以改进生产设备，减少污染。

（5）如果受税收影响的对象企图通过自己的行为影响税负的种类和金额，实施庇古税可能导致一些新的外部性。

总之，庇古手段和科斯手段各有利弊。在其他条件不变，特别是环境收益相同的情况下，选择何种环境经济手段主要取决于边际管理成本和边际交易费用。现实中二者不是对立的，各国政府经常针对不同的问题灵活采用这两种手段和方法，它们相互补充并在实践中不断完善和创新。

资料来源：约翰·C·伯格斯特罗姆，阿兰·兰多尔. 资源经济学：自然资源与环境政策的经济分析. 3 版. 谢关平，朱方明，译. 北京：中国人民大学出版社，2015。

第五节　不完全信息下的环境污染管制

由于污染具有外部性特点，环境管制的操作者和实施者通常是政府部门，排污者是被管理的对象。要实施有效的环境管理措施，需要管理者了解很多污染者信息，如污染损害、减排成本、边际成本和收益等，这些信息管理者通常很难准确掌握。一方面快速的技术发展和市场变化，导致信息常发生变化，另一方面，管理者和排污者行动的目标分歧是产生不完全信息的主要原因。管理者希望采用全局角度的成本最低、最有效的管理方式，而作为排污者的企业主要追求的则是自身利润最大化。当管理者认为因减排技术进步而成本降低时，就希望进一步严格管理，而企业则有动机隐瞒相关信息以获取更多的利润空间。因此，环境管制通常是在不完全信息下进行的。

在全面获取信息不现实的情况下，环境管制首先根据生态环境质量标准来确定剩余的环境容量，以选择相对适合的污染物排放总量。生态环境质量标准是开展生态环境质量目标管理的技术依据，能反映生态环境质量特征，以生态环境基准研究成果为基础，与经济社会发展和公众生态环境质量需求相适应，旨在保护生态环境，保障公众健康。

另一个难点在于要如何达到适合的污染量水平，在大量的排污者中如何分配排放责任，那么在经济领域首先要遵循的就是成本有效性原则，即在分配责任时以最小成本的方式或相对低的成本方式实现。这一条件在多种政策工具进行选择和分配时是非常重要的依据和参考，而非成本有效性的环境管制方式通常并不会受到长久的认可。

一、确定排污价格（数量）管理

当管理者对边际排放成本未知而采用固定的收费水平进行管理时，排污者的实际边际排放成本可能与收费水平并不一致，即存在高成本排污者和低成本排污者。排污者在

最小化总成本的过程中，也将最小化缴纳排污费，即

$$W = TQ_W$$

式中：W 为总排污费；T 为收费价格；Q_W 为污染物排放量。

环境管制的目标是使社会总成本最小化，即污染控制成本与污染损失之和最小。在图 7-8 中，在不存在污染收费价格管制时，排污者 H 和 L 的效率排放量是 Q_L^* 和 Q_H^*，即边际污染损失与边际控制成本的交点，在这一点二者之和的面积最小。而当存在管制污染价格 T 时，排污者会调整排放量到 Q_L 和 Q_H。与市场效率下的排污量相比，边际治理成本高于或低于收费水平的排污者都会产生一定的无谓损失，低控制成本排污者 L 的排污量减少带来的是产品数量减少的社会福利损失，高控制成本排污者 H 的排污量增加带来的则是更高的污染损失。

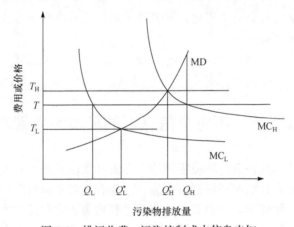

图 7-8　排污收费：污染控制成本信息未知

MD 为边际污染损失曲线；MC_L 为低成本排污者 L 的边际治理污染成本曲线；MC_H 为高成本排污者 H 的边际治理污染成本曲线；MD 与 MC 交点处为社会总成本，即污染损失与污染治理加和的总成本最小；T 为排污价格

很显然，对 H 和 L 设置统一的收费价格 T 并不能消除无谓损失，只能使总无谓损失之和最小，如果掌握了 L 和 H 的成本信息，可以针对性地制定高收费价格和低收费价格，即 T_L 和 T_H。

对照图 7-8，也可以将管制的形式转变为直接规定每个排污者的排污量，这是一种确定排污数量的管理方式，但仍然存在同样的难题。如果信息已知，对排污者 L 和 H 在成本有效的原则下应规定的排污量就是 Q_L^* 和 Q_H^*，但是在成本未知的非完全信息下，管理者仍然可能将允许排污量定为 Q_L 和 Q_H，结果与直接确定排污价格是类似的。不同之处在于，由于确定的排污量在各个排污者之中并不是一个统一的数值，因此排污者存在更多的与管理者谈判的可能。排污者通常的做法是提高排放成本以争取更多的排污份额，实现总量控制的排污目标下减污量的分配就更加困难了。

二、管理对策选择：收税（费）、数量管理及混合政策

固定价格管理制度下排污者为每单位的排污量付费，固定数量管制意味着排污者要

按照被管理的排污量进行污染排放。如果成本信息已知，两种管理对策都可以达到同样的效率结果。但在不完全信息情况下，管理对策在选择时重点需要分析的是管理对策带来的福利损失的大小。

如图 7-9 所示，管理者会根据污染的边际损害和估算出的平均边际排放成本确定排污价格 T^* 和排污数量 Q^*。在固定价格管制情形下，实际边际排放成本低时选择 Q_L 的实际排放量，高时会选择 Q_H 的实际排放量，而实际市场效率选择则为 Q_L^{**} 和 Q_H^{**}。根据图中的分析，只要排污者实际边际排放成本与管理者估算的不同，就会带来福利损失。

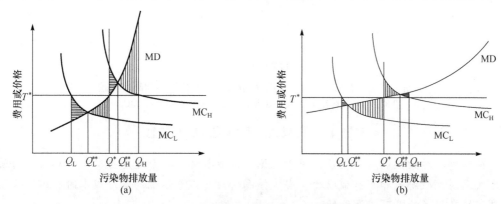

图 7-9　固定价格和数量管理下的福利损失
以横线标注的阴影部分为价格管制损失；以纵线标注的阴影部分为数量管制损失

图 7-9（a）和（b）中设计了 2 种边际损害与边际排放成本的斜率情况。当边际损害成本陡于边际排放成本时，即随着排放量的增加边际损害成本增加得更快时，相对价格管制时的福利损失更大；反之，当边际排放成本陡于边际损害成本时，即随着排放量的增加边际排放成本增加得更快时，相对数量管制时的福利损失更大。当环境管制措施更倾向于重视污染物的环境损害时，更多地选择固定数量管制对策，这就是现实中的环境管理制度多采取直接要求排污者控制排污数量的主要原因。虽然价格机制作为经济激励手段在很多国家和区域被采用，但其主要功能多被定位于为环境污染治理筹集资金。

在判断价格和数量管制方式都存在不同程度的福利损失时，环境管理对策应该具有更多的灵活性。当控制污染是低成本时应减少污染物排放，而当成本过高时，应该适当放松减排量要求，因此将两种管理方式组合运用就可能会增加一定程度的灵活性。图 7-10 中，设计了一种固定数量管制中加以低排补贴、超排罚款的综合管理对策。

当边际治理污染成本较低时，排污者最初控制数量水平 Q^* 排放，此时如果补贴价格为 S^*，其排放量将达到效率水平 Q_L，排污者获得的总补贴为 $S^*（Q^*-Q_L）$；当边际治理污染成本较高时，排污者以控制数量水平 Q^* 排放时，高的边际治理污染成本会降低边际损失 MD，同时该企业在较低生产量下生产总体收益相对低。如果设定罚款价格为 F^*，其排放量将达到效率水平 Q_H，排污者缴纳的总罚款为 $F^*（Q^*-Q_H）$，边际损失和边际治理污染成本之和体现的社会总福利水平是最有效率的。即使补贴和罚款的价格并不精确等于效率位置的价格，但仍给了低成本和高成本的排污者一定的选择权，即可以根据补贴和罚款的价格确定各自的排污量，而排污者的选择通常是成本有效的，这就起到了提高效率的良性作用。

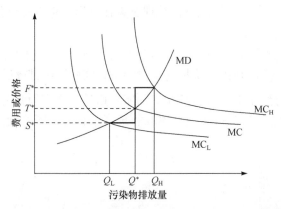

图 7-10　综合管理对策：固定数量管制、低排补贴和超排罚款

MC 为平均边际治理污染成本曲线，可假设 MC = 1/2(MC_L + MC_H)

专题 17　获取私人污染控制成本信息

　　获取私人污染控制成本信息，对于无论是采取数量、税费还是可交易的排污许可管制方式来说无疑都是非常有帮助的。当直接向排污者调查他们的治污成本时，调查结果的真实性在很多情况下是存疑的。

　　对排污者的调查结果可能影响管制对策。当采取数量型管制方式时，为增加可被允许的排污量，存在夸大治污成本的动机；采取税费型管制方式时，为降低排污价格，存在低报治污成本的动机；采取可交易的排污许可管理方式时，为取得更多的排污许可配额同样存在成本虚报动机，通过虚报成本来取得较多的配额更方便在后续交易中获利，而这时是高报还是低报成本则取决于最初的排污许可配额的分配方式。

　　为获取真实的私人污染控制成本信息，采取混合管理方式可以有效地校正虚报成本信息的动机，如采用数量+税费的混合管理方式，而在可交易的排污许可证管理方式中引入补贴机制等。

　　在图 7-11 的可交易排污许可证制度的模型中，排污许可证的总数量 Q^* 是根据边际损失函数 MD 与排污者调查核算出的行业平均边际治理污染成本函数 $\overline{MS}$ 得出的，以对应的成本（或价格）r^* 水平为补贴率。当排污者低报了成本信息，即实际边际成本函数为 MC_H 时，由于控制排污许可数量低于实际均衡的 Q_H，排污者将为获取 Q^* 数量的许可证展开竞争，使许可证价格上升为 P_H，与真实成本函数曲线下的许可证数量和补贴率（Q_H，P_H^*）相比，排污量更小、补贴率更低。当排污者高报了成本信息，即实际边际成本函数为 MC_L 时，由于控制排污许可数量高于实际均衡的 Q_L，初期许可证价格会稳定为 P_L，但由于补贴率水平 $r^* > P_L$，为获取补贴利益而产生过量的许可证需求，直到市场许可证价格达到 r^*，与真实成本函数曲线下的许可证数量和补贴率（Q_L，P_L^*）相比，抬高了交易价格、降低了补贴率水平。模型分析结果显示，引入补贴机制后，私人污染控制信息的虚报降低了。

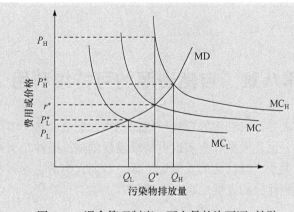

图 7-11　混合管理制度：可交易的许可证+补贴

思 考 题

1. 政府在进行环境管理时面临什么样的复杂性？
2. 政府有哪些实施环境管理的主要政策方式？
3. 政府实施环境经济政策的基本经济学原则有哪些？能实现哪些基本功能？
4. 目前世界各国实施的环境经济政策有哪些常用的经济手段？
5. 通常需要具备哪些条件才能顺利实施环境经济政策？实施效果会受到哪些因素的影响？
6. 排污者会怎样应对环境保护税管理方式？税率水平是如何确定的？受哪些因素影响？
7. 排污许可交易一般是怎样实施的？实施的基本保障条件有哪些？
8. 比较调节市场型和建立市场型的环境经济政策实施的途径和效果。
9. 成本有效的环境经济类综合管制措施在不完全信息情况下是如何实施的？
10. 尝试设计获取完全信息的制度或技术方法。

第八章　自然资源的可持续利用

自然资源通常指人类可以利用的自然形成的物质和能量，是人类社会生存和发展的物质基础、能量基础，也是人类社会实现可持续发展的前提条件。离开自然资源，人类将无以为继。纵观人类及人类社会的发展史，任一时期人类的生存和发展都离不开自然资源的支撑，人类经济社会的发展史也一直伴随着人类对自然资源的认识、发现、开发和利用。

同时，随着人类社会人口数量的增加、生活和工作条件的改善以及科学技术水平的发展，对资源利用量需求的巨大增长已威胁到人类社会的可持续发展，并引发了全社会的广泛关注。人类社会的地区间贫富差距在有些情况下就是由高经济价值的自然资源分布不均导致的，同时对自然资源相对较为落后的开采和利用方式不但过多地消耗了自然资源，而且产生了较为严重的生态环境污染和破坏问题。最严重的情况在人类历史上也发生过，为了争夺分布不均的资源，如水资源、石油类等能源暴发的局部战争。

基于对自然资源进行可持续利用的原则，土地资源、水资源、森林资源、草原资源、矿产资源、能源、海洋资源、生物资源、气候资源和旅游资源等的自然生态属性、分布、利用方式存在差异，而同样关注人类社会可持续发展目标的环境经济学领域对可耗竭资源和可再生资源分类下资源管理中的问题和重点是有差别的。对可耗竭资源来说，由于其总量是有限的，当代使用量的增加会减少未来的使用量，于是其关注重点在于如何将这些资源在各个时期进行合理配置，即跨期的优化利用与管理。对于循环和流动受到人类活动影响的可再生资源，关注重点则在于如何保持资源的有效的循环流动量。

第一节　可耗竭资源的跨期利用与管理

可耗竭资源的根本特点是无法持续增加供给，资源数量随着人类社会的生产和消费而减少。需要动植物用几百万年时间转化而来的石油、煤炭、天然气等化石能源类资源，是人类当前主要利用的资源，这类资源在利用后其物理和化学形态都发生了变化，无法再生使用，这是一类最典型的无法增加供给的可耗竭资源。其他的如矿藏等不可再生资源完全来源于自然，在地球上的蕴藏量是一定的，人类将其开采加工成物品进行消费时，可以通过回收循环利用的方式人为延长使用年限或者说增加可利用量，但由于回收加工率无法达到100%，因此一样面临着耗竭。类似美国古红杉树、中国百年以上的南方红豆杉等也被视作可耗竭资源，这一类几乎"不可再生"的森林资源，对其的利用限制更为苛刻，现存的树木都被特殊保护起来，几乎不存在被砍伐利用的可能。

虽然不同的可耗竭资源在特性和利用方式上存在巨大差异，但是如何在不同时期分配资源使用量，即如何有效率地实现跨期利用，是可耗竭资源面临的核心问题，高效率的资源配置在经济领域的主要目标就是使不同时期的资源利用的总效益现值最大。

一、不同时期的资源配置模型

为实现可耗竭资源在不同时期合理配置后的总效益现值最大，就需要平衡现在和未来不同时期的资源使用量。

1. 两个时期的资源配置模型

通常采用两期迭代模型，即只划分时期 1 和时期 2 两个时期。假设在两个时期内资源的边际开采成本（价格）不变（2 元/吨），且以不变的技术方式供给；在两个时期内对资源的需求是不变的，且边际支付意愿均为 $p = 8 - 0.4q$，净收益 $MB = 6 - 0.4q$。

在图 8-1 中的静态情况下，即不考虑贴现时，两个时期资源的需求量是一致的，均为 15 吨，如果资源总供给量为 30 吨或以上时，两个时期内的资源配置需求都能够得到满足，时期 1 对资源的消费量不会影响时期 2 资源的供给量。

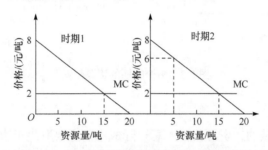

图 8-1　充足的可耗竭资源在两个时期的配置

在图 8-2 中，假设资源的有效供给量为 20 吨，为了实现高效率的资源配置，就要使 20 吨的资源在两个时期内的净效益的现值之和达到最大化。如果不考虑贴现，那么资源在两个时期均匀分配，即各分配 10 吨。假设贴现率为 10%，实现资源高效率配置的必要条件是，时期 1 使用的最后 1 单位资源的边际净收益现值等于时期 2 使用的最后 1 单位资源的边际净收益现值。即图中两个时期净效益曲线的交点是高效率的资源配置点，在这一点两个时期的净效益现值之和最大，分配给时期 1 的资源量为 10.238 吨，分配给时期 2 的资源量为 9.762 吨。

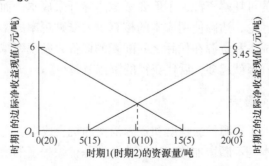

图 8-2　稀缺的可耗竭资源在两个时期的配置

在资源稀缺的情况下，时期 1 比时期 2 获得了更多的资源配置，这是由于受到正的贴现率的影响。

2. n 个时期的资源配置模型

将时间延长到 n 个时期时，假设资源总量为 S_0，时期 1 的资源消费量由 $S_0 S_0$ 相切于第 0 期与第 1 期无差异消费曲线来确定，如图 8-3（a）所示，即为 C_1。将其推广到第 t 时期和第 $t+1$ 时期时，资源消费量为 C_t 和 C_{t+1}。在时间偏好的影响下，各时期的资源消费量更可能会呈现出平稳下降的趋势，如图 8-3（b）所示。

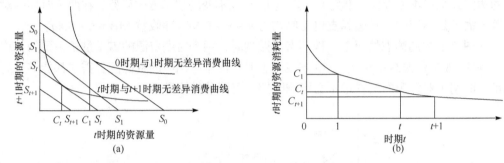

图 8-3　多个时期的资源配置

二、成本的影响

如果资源不是稀缺的，资源价格（总边际成本）主要取决于边际开采成本。对于可耗竭资源来说，其供给是固定的、有限的，今天多使用一个单位的资源，就意味着明天少使用一个单位的资源。

人们在使用稀缺资源时会产生额外的边际成本，称为边际使用成本。今天决定使用的资源数量是放弃了该数量资源在未来被使用的可能机会，即边际使用成本反映的是增加一单位的当期资源使用而失去的在将来某时期使用该单位资源的边际净收益。更进一步理解，今天多使用一定数量的资源，就意味着放弃将来使用该资源的净效益，而随着技术的进步，同样单位的资源在未来的净收益一定会比今天的净收益要高。资源越稀缺，边际使用成本就越高。

因此，对于稀缺的可耗竭资源，不但要考虑边际开采成本，而且要考虑边际使用成本。按照现代经济学理论，边际使用成本的核算主要受贴现率的影响，贴现率的大小反映了人们对边际使用成本和资源在代际之间配置的评价，贴现率越大，边际使用成本就越小，当代人获得的资源就越多，后代获得的资源就越少。

1. 边际使用成本的影响

边际使用成本反映了资源稀缺程度和资源消费的机会成本。在 n 个时期的资源配置过程中，边际使用成本是不断增加的，这反映了资源稀缺程度的增加和资源消费机会成本的提高。在简单的资源同质化条件假设下，即边际开采成本不变时，与随着时间而增加的边际使用成本相对应，资源开采量将逐渐减少，甚至降为零。在图 8-4 中，假设边际开采成本（MEC）恒定不变，总边际成本（MC）则随时间上涨，二者之间的差距是随时间上升的边际使用成本（MUC）。如果 t 时期开采出的资源市场价格等于 MEC 时，只能补偿生产成本；而当市场价格为 MC 时，二者的价格差 MUC_t 被认为是单位资源租金，这时开采资源量的未来机会成本才对当期的资源开采量产生影响。伴随资源价格的上涨，不同时期资源的消费量最终表现为图 8-3（b）中随时间逐渐下降的趋势。

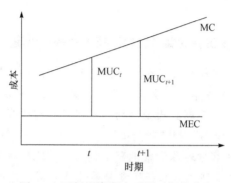

图 8-4　可耗竭资源在不同时期的成本

2. 边际开采成本的影响

随着时代的发展，技术会不断进步，而技术的进步会降低开采成本，即对于同质化的可耗竭资源，边际开采成本是下降的。如果边际开采成本（MEC）的下降能抵消边际使用成本（MUC）的上涨，那么资源价格就不会明显呈现出上涨的趋势。而当资源的市场价格没有上涨甚至下降时，对未来预期收益的评估也随之降低，这时开采者在当期可能会进一步增加资源开采量，供给量的增加会进一步对市场价格产生下跌的影响。资源开采量的时间路径可能会呈现出一定的波动性，直到边际使用成本的上涨幅度超过边际开采成本才会继续表现出图 8-3（b）的趋势。

在可耗竭资源开采领域，更常见的现象则是资源的非均质性表现，即质量更高或更容易开采的资源会先被开采，剩余储量减少的同时伴随着资源质量的下降和开采技术难度的上升，边际开采成本也会上涨，资源的总边际成本呈现更快的增长趋势，资源的需求量进一步下降。

三、其他影响因素

人类经济体系对可耗竭资源的生产和消费过程中，勘探和开采技术的进步、对于可回收资源的回收利用以及替代资源的开发和利用均会产生较大的影响。

1. 生产中的技术进步

从历史来看，随着时间的推移，大多数可耗竭资源的储量和消费量不是减少而是增加了，其主要原因是资源生产过程中，特别是勘探和开采中的技术进步的影响。

随着地理位置优越且高品质的资源被勘探出并开采殆尽时，或当一种资源的总边际成本不断增加时，社会就会更积极地勘探新的资源，开发和使用新的开采及冶炼技术。

生产过程中技术进步的影响使边际开采成本下降的情况在人类的资源利用史中并不少见，即尽管对低品质和地理位置更差的资源的依赖程度在增加，但边际开采成本在下降。即使边际勘探成本随时间而增加，只要新发现的资源储量的开采和加工的成本足够低，就会降低至少是会延缓边际成本提高的速度。但是，可耗竭资源数量是有限的，当技术进步提高了某些时期资源的消费量时，人类对其在不同时期的资源配置量也会产生一定程度的波动。

专题 18　可耗竭资源的储量及生产技术影响：以澳大利亚金矿为例

1848 年美国加利福尼亚州发现了金矿，出现了世界第一次"淘金热"，又称为"旧金山"；1851 年澳大利亚新南威尔士州发现了金矿，又出现了一次世界性的"淘金热"，又称为"新金山"。当时矿场上不断挖出金块的消息迅速传遍世界，拥有不同肤色、语言的移民从世界各地涌向"旧金山"和"新金山"。

2009 年，由澳大利亚官方地球资源调研机构——"地球科学维多利亚"主持调研，发现了新的黄金矿藏，维多利亚省北部珍贵金属储量丰富，勘探发现 7000 万盎司（近 200 万 kg）的黄金储量，相当于澳大利亚 150 年以来的总产量。但与 100 多年前的淘金热不同，没有出现疯狂的大批淘金者。这是因为勘探到的黄金埋于地下几百米，需要专业的采矿公司用先进的冶金技术对矿石进行开采提炼，而在 1851 年的"新金山"，人们只要拾起地上的石块，就可以用手挑出金子来。

资料来源：董博. 澳大利亚发现 2 千吨黄金储量　淘金热恐再现. 2009. https://finance.huanqiu.com/article/9CaKrnJmkJn。

2. 替代

随着可耗竭资源越来越稀缺和越来越高的市场价格，人类会越来越积极地寻求替代资源。替代资源同样会由两类资源组成，即可耗竭资源和可更新资源。

假设有两种可耗竭资源可以相互替代，各自的边际开采成本保持不变，在一定条件下，边际开采成本高的可耗竭资源可以被边际开采成本低的可耗竭资源替代。如图 8-5 所示，假设边际开采成本不变时，可耗竭资源 1 和资源 2 的总边际成本都随时间不断增加，

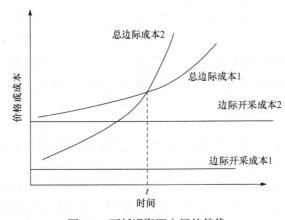

图 8-5　可耗竭资源之间的替代

成本低的资源 1 会首先被使用以获得较多的净效益。在转折期（过渡期）t 时，两种资源的总边际成本相等，替代开始。在时期 t 后，资源 2 的使用量会逐渐增加，两种资源的替代是平滑过渡的。

当技术发现替代的可更新资源时，在市场机制下，与可耗竭资源之间的替代方式相似，在成本有效的情况下替代过程同样会发生。但这时的替代是比较理想的状态，替代资源可以在理论上和技术上实现无限供应，而不再受到资源总量的困扰。但在可以预见替代发生的过渡时期，可耗竭资源可能由于未来不再使用的市场期望而在短期被更大量地开采和利用，结果是比没有替代品的情况下耗竭得更快。

3. 回收利用

可耗竭资源中的大部分矿产资源在资源产品经人类使用后，虽然丧失了产品效用，但保留了基本的物理和化学特性，这一类资源在适当的条件下可以被回收利用，称为可回收的可耗竭资源。可以预见，市场体系将更趋向于对可回收资源的长期依赖。

回收的最主要的作用是增加资源的可利用总量。假设资源的原始总储量为 A，回收率为 λ 时，那么在无限次的回收利用过程中，可利用资源的总量为

$$A + A \cdot \lambda + A \cdot \lambda^2 + A \cdot \lambda^3 + \cdots$$

由于不可能达到 100% 的回收率水平，于是在 $0 < \lambda < 1$ 的条件下，上式（可利用资源总量）为

$$A + A \cdot \lambda + A \cdot \lambda^2 + A \cdot \lambda^3 + \cdots = A / (1 - \lambda)$$

λ 越接近 1，即可回收利用率水平越高，可利用的资源总量就越大。

虽然回收利用方式可以有效提高可耗竭资源的可利用总量，但与替代过程类似，回收资源可有效进入市场体系的关键因素仍是成本的比较。只有当回收资源的边际成本低于原生资源及其替代品的市场价格时，回收资源才会形成有效的市场。在多数资源的回收利用中，收集及运输社会消费后含有该资源的废弃物品、处理和加工等生产过程中产生的成本通常并不低，高昂的费用和成本是可耗竭资源和其他资源回收利用过程中的最大障碍。

专题 19　可耗竭资源的回收和利用：以废钢铁为例

中国市场化程度较高的可再生资源分为废钢铁、废有色金属、废塑料、废轮胎、废纸、废弃电器电子产品、报废机动车、废旧纺织品、废玻璃、废电池等十个类别，其中可耗竭资源中的金属资源废钢铁和废有色金属的回收价值占到可再生资源总价值的 60% 以上，在再生资源产业中占据龙头地位。

以废钢铁为例。废钢铁被认为是一种可无限循环使用的载能节能绿色资源，是钢铁生产中不可或缺的两大铁资源之一，与直接采用原料钢铁相比，废钢铁原料可有效减少生产过程中的精矿粉、能源消耗量及二氧化碳、固废等污染物排放量。如图 8-6 所示，我国废钢铁消耗量逐年上涨，其产能也已超过行业总产能的 20%。

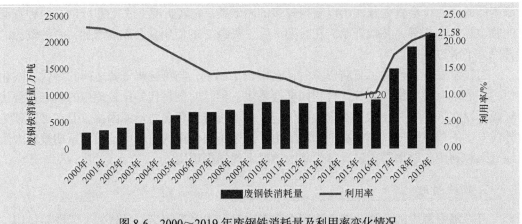

图 8-6　2000～2019 年废钢铁消耗量及利用率变化情况

　　废钢铁按照其来源可以划分为自产废钢、社会废钢以及进口废钢三类。随着产业工艺要求、环保要求、进出口政策等因素的影响，来自报废的机车、汽车、钢轨、船舶、工具及建筑物、日常生活中废弃的用具等的社会废钢成为主要的钢铁再生资源来源，在"十四五"期间供应量占比达 40%～60%。

　　废钢铁再生资源回收利用领域的发展与该行业的加工配送体系、相关衍生行业的市场化发展密切关联。废钢铁再生资源企业的规模、经营管理模式、产品的加工手段及生产环境等均得到了很大的发展和提升。

　　虽然国内废钢使用率呈现为快速上涨趋势，但与先进技术国家相比仍有很大的发展空间。目前全世界废钢炼钢比的平均值超过 50%，美国废钢炼钢比则超过了 70%，土耳其更是高达 90%。

　　资料来源：商务部流通业发展司，中国物资再生协会. 中国再生资源回收行业发展报告（2020）. 2020；刘树洲，张建涛. 中国废钢铁的应用现状及发展趋势. 钢铁，2016，51（6）：1-9；窦立英. 废钢铁应用现状分析与发展前景分析. 中国金属通报，2020，（15）：8-9。

第二节　可再生资源的可持续利用

　　可再生资源是存量可以依靠自然力不断得到补充的资源，当资源量得到不断补充时，理论上总量可以保持在一定的水平。但可再生资源也不是取之不尽、用之不竭的，其存在状态受到自然条件和人类社会行为的双重影响。一些可再生资源，如植物或动物资源，在某些特定的历史时期和环境条件下也可能会灭绝。

　　在人类经济社会对可再生资源的影响中，财产权是最重要的影响因素。以产权为原则，具有明确、清晰产权的可再生资源被认为是可再生商品性资源，产权不清或公有的属于可再生公共物品性资源。常见的可再生商品性资源包括私人土地上的农作物、私人林场、私人草场等资源，典型的可再生公共物品性资源则包括公海渔场、可移动的生物物种资源等。

一、可再生商品性资源：以私人林场为例

常见的产权明晰的私人农田、草场、森林等，均被认为是可再生资源的商品性资源。这一类资源的生产和消费过程被纳入了市场体系，以获取最大收益为主要目标时的生产的可持续利用就是为获取最大收益而需要确定的最佳收获期和最大可持续产量。

典型的可再生资源之一的森林为人类提供了多种多样的产品和服务：作为生产原料和燃料的木材及其他林产品、为野生动物提供的栖息场所、吸收二氧化碳排出氧气净化了空气等。森林资源拥有产出和资本的优良属性，当幼林成长为成林时，它会提供可观的商品货物，并给人们留下财富。相比于农业生产，树木的成熟期非常长，管理人员不但要决定在给定的土地上最大化木材的产量，而且要根据自然生长状况决定何时采伐和重植树木。林场可以选择的采伐方式一般包括一次皆伐、轮伐和择伐等。同时，由于采伐森林不可避免地会降低森林其他方面的价值（如森林景色的美学价值），因此在各种可能的用途中综合考虑具有潜在冲突而建立起适当的平衡利用方式是森林管理的关键。

以采伐木材为例，根据树木的生长规律，决定最佳收获期的指标是平均年增长率（MAI），树木应在 MAI 最大时进行采伐。如图 8-7 所示，MAI 达到最大的 t 年之前，树木的年增长率都是增长的，而在 t 年之后趋于下降。即随着树木的衰老和死亡，其商业价值在 MAI 值达到最大后会逐年降低，生物学上的最佳采伐期应是第 t 年。

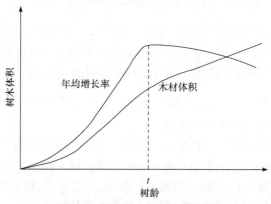

图 8-7　树木的生物学生长规律

从经济学角度考虑，对私人林场来说，森林资源的管理类似于一般生产过程的管理，采伐林木的最优时间是从林木中能够得到的最大净收益现值的时间。由于林木生产周期过长，因此贴现率成为我们计算净收益时的重要指标。当采用一次皆伐的采伐方式时，为确定其最优采伐时间，采用的净收益现值计算公式如下：

$$B_{\max 1} = V_t - k_0 = (P_t - C_t)/(1+r)^t - k_0$$

式中：V_t 为 t 时刻采伐林木的净现值；k_0 为林场的初始投资；P_t 为 t 时刻的木材销售价值；C_t 为 t 时刻的采伐成本；r 为贴现率。

如图 8-8 所示，V_0 曲线表现未贴现（$r=0$）时不同时期的林木采伐价值，V_t 曲线表示贴现率为 r 时的林木采伐价值；K_t 曲线与纵轴交于 K_0 点，表示以利率 r 贴现的初始投资。从图中可以看出，贴现率为 0 时，林场会选择在 $V_{0\max}$ 处（A 点）皆伐，最优采伐期

为 t_2；当贴现率为 r 时，林场会选择在 V_{tmax}（B 点）处皆伐，最优采伐期为 t_1。考虑贴现的最佳采伐期比不考虑贴现时的最佳采伐期要短，即 $t_1 < t_2$。这是人们在木材的价值增长率和销售木材获取收入用于投资的收益率之间进行比较所得到的结论，通常由于对时间风险的考虑，经济学上的最佳采伐时间要早于生物学的最佳采伐时间。

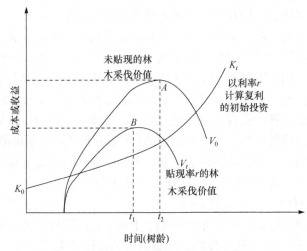

图 8-8　林场的最佳收获期

个体经营者不只关注特定林木收益的最大现值，而且关注土地在一定时期内总收益的最大现值。假设林场通过再种植追求可持续总产出的净效益现值最大化目标，则林场可采取的经营策略即为轮伐和择伐。此时的净效益计算公式为

$$B_{\max 2} = B_{\max 1} + K_0 = (P_t - C_t)/(1+r)^t - k_0 + K_0$$

式中：K_0 为林场资本在时期 0 时的现值。

当林场资本在时间 0 时的现值为 0，即 $K_0 = 0$ 时，没有林场初期资本现值影响，最佳轮伐时间与皆伐时的最优采伐时间是一致的。根据树木的生长规律，一般都会存在一个 V_0 的增长率大于利率 r 的时期，即图 8-8 中 V_0 曲线比 V_t 曲线陡的阶段，林场资本在这一时期随着树木的快速增长而不断增加。资产总价值增长率大于利息率，则会刺激林场实施轮伐和择伐，最佳轮伐期小于最佳皆伐期。假设采伐率保持不变，确定每一时期的采伐率应满足下列条件：树木每多生长一年的净采伐价值 V_t 的增量应等于树木每多生长一年 V_t 的利息增量减去因树木生长期延长而节约的边际种植成本。

从私人林场经营方式的研究结果中可以看出，对于可再生资源，最主要的可持续利用问题是确定资源的最佳收获期和最大可持续收获量。而木材的市场价格波动、采伐成本的变化和相关利率、税费的变化都可能影响林场所有者对最佳收获期和收获量的决策。

二、可再生公共物品性资源：以公海渔业资源为例

海洋渔业资源是指海洋中具有开发利用价值的鱼、甲壳类、贝、藻和海兽类等经济动植物的总称，是渔业生产的自然资源基础。鉴于动植物资源的自然繁殖再生力，海洋渔业资源是典型的可再生资源。图 8-9 即为渔业资源的生物学模型，用于描述鱼类存量

与存量增长之间的关系。图中的横轴代表存量，纵轴代表存量的增长。$S_{min} \sim S^*$ 表现为种群数量增加造成增长率增加，$S^* \sim S_{max}$ 表现为种群数量增加导致增长率下降。S_{min} 称为最小可变种群量（最低可生存存量），在这一点种群数量是不稳定的，该点左侧种群增长率为负，很难使种群数量恢复到可变水平，种群数量将会减少直到灭绝；该点右侧种群增长率为正，种群数量可以实现正增长，直到可以持续存在的最大群体数量 S_{max}，称为自然均衡点，这是一种稳定态，如果种群数量过高，即超出了承载能力，死亡率和迁出率就会增加，使种群数又回到承载力范围之内。

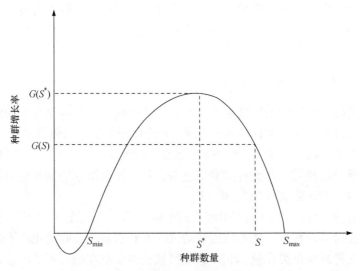

图 8-9　鱼类种群数量与增长率之间的关系

同时渔业资源的增长率与资源存量（资源种群数量）之间有密切关系，资源存量随着资源的自然增长率、自然迁出率和捕捞量的变化而变化，如图 8-10 所示。

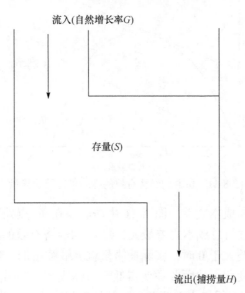

图 8-10　渔业资源的存量

结合图 8-9 和图 8-10，$S_{\min}\sim S_{\max}$ 是一条可持续捕捞线，在该线上任何一点表示与某一种群存量相对应的产量增长率（或存量的增量）之间的关系，二者的乘积作为捕捞量将不会减少资源存量，因而是可持续的，这一产量（捕捞量）也称为可持续捕捞量，只要以该产量为捕捞量，种群数量和增长量就不会发生变化。S^{*} 称为最大可持续捕捞量存量（种群），此时最大可持续捕捞量等于最大增长量。只要捕捞量等于增长量，种群规模就保持不变。过度捕捞在短期内虽然是可能的，却是不可持续的，这会在总体上造成种群数量减少，进而降低增长率，当种群数量低于 $S_{\min}$ 时就会灭绝，渔业产出量降为 0。

生物学上的最大可持续捕捞量并不一定在经济上有效率，效率与资源利用的净效益最大化相关。经济上的效率是指净效益或净效益现值最大，不仅要考虑总收益，还要考虑捕鱼成本。

1. 经济有效的静态可持续捕捞量

经济有效的静态可持续捕捞量是指在不考虑贴现或认为贴现率为 0 的情况下，能够产生最大净效益且能够连续保持的捕捞水平。为简化分析所做的假设如下：鱼价 P 固定，且不取决于销售量（捕捞量 H）；单位捕鱼活动 E 的成本 W 不变；单位捕鱼活动的捕捞量与鱼群的存量呈正相关，鱼类种群数量越多，单位捕鱼活动的捕鱼量就越多。则可持续总收益 $\text{TR}=P\cdot H$，总成本 $\text{TC}=W\cdot E$。

经济有效的静态可持续捕捞量的确定如图 8-11 所示。在图 8-11 中，横轴上的任意一点代表一种捕捞活动水平，随着捕捞活动量的不断提高，总收益也在不断增加。但捕捞活动量的增加将减少鱼类存量，即图 8-11 横轴捕捞量从左向右增加时总的种群数量是减少的。

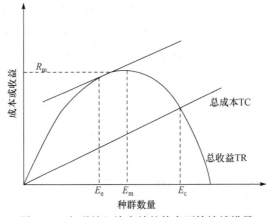

图 8-11　鱼群的经济有效的静态可持续捕捞量

净收益表现为效益与成本之差。图 8-11 中净收益在 E_{e} 点处达到最大，此时边际收益等于边际成本，总收益与总成本之差最大，即 E_{e} 为经济有效的捕捞活动水平。但只要收益大于成本，即净收益大于 0 时，实际捕捞量就会继续增加。当捕捞量达到 E_{m} 点时，收益增加的总趋势发生变化，边际收益变得低于边际成本，捕捞量继续增加只会导致总收益的减少，即 E_{m} 点为取得最大总收益的有效捕捞量水平。而当捕捞量增加到 E_{c} 点之后，总成本大于总收益，总的净收益变为负值，捕捞活动已无经济意义。如果能够控制捕捞量，则捕捞量会维持在最有效率的 E_e 水平。但直到总成本等于总收益、净收益为零的 E_c 点之后才产生亏损，而在这一点之前，捕捞活动都是有利可图的，即 E_c 水平被视为盈亏平衡点。

由于公海渔业资源是一种非排他性的公共资源，没有人对公海渔业资源拥有完全的产权，任何人都可以自由地进入渔场进行捕捞活动，即公海渔业资源存在开放使用问题。在捕捞量不受任何限制的情况下，为获取更高的收益，捕捞活动水平不会停留在 E_e，而会达到更高的 E_c 水平，直到耗尽全部利润为止。

以上的分析表明，对于可再生公共物品资源，经济有效的静态捕捞量会产生更大的种群数量，这对可再生资源的可持续利用是有利的，但在市场机制下是不会自然实现的，需要在社会制度层面加以人为管制。而同时应该注意到技术的进步一直在降低捕捞成本，这意味着经济有效的静态捕捞量水平在增加。如果不加以管理，当捕捞量的增加导致种群数量低于图 8-9 中的 S_{min} 水平时，将导致渔业资源的灭绝。

2. 经济有效的动态可持续捕捞量

对于可再生资源，当捕捞量低于种群的增长量时并不影响种群自然的更新和替代过程，尤其是到达图 8-9 中的增长率极值时，增加或减少资源存量不再提高种群增长量和增长速率。即在资源存量减少量较小的情况下，对于种群数量和规模的影响是很小的。但当资源减少量较大，即近期的捕捞量较大时，则可能会造成未来时期的资源存量和捕捞量的减少。如果近期高捕捞量带来的高收益不能弥补未来因为资源增长量降低而减少的收益的可能性存在时，就需要在分析中引入贴现率以考虑不同时期经济有效的可持续捕捞量，即引入贴现率来分析不同时间的动态可持续捕捞量。

正指数型贴现率对渔业资源管理的影响类似于对可耗竭资源配置的影响：贴现率越高，资源所有者从放弃当前时期收入的角度看，其保存现有资源的成本就越高。引入正贴现率后，当前时期或近期的捕捞量会超过静态可持续捕捞量，虽然增加了相应时期的净收益，但同时会引起均衡种群数量规模的下降，还可能会降低未来的种群数量和种群捕捞量，对应图 8-9，未来的捕获量和种群存量就会处于较低的均衡水平。

静态可持续捕捞量是动态可持续捕捞量在贴现率为零时的一个特例。当贴现率为 0 时，经济有效的静态可持续捕捞量使得各个时期的净收益实现了最大化且相等。如果超过有效可持续产量所需年度工作量水平的增加，开始会由于捕捞量的增加，净效益增加。但随着鱼类资源存量在新的更低水平上的平衡，未来收益会减少，贴现率为 0 时各时期的总的净收益可能更低。

另一个极值是贴现率极大甚至无限大的情况。当贴现率为无穷大时，没有可从将来资源配置中获得的价值，这意味着没有未来的净收益可放弃，即未来净效益的机会成本所代表的边际使用成本为零，这会导致图 8-11 中资源配置量，即当前的捕捞量水平增加到 E_c 水平。

鱼群种群数量的减少水平主要受贴现率的影响。一般来说，捕捞成本越低，贴现率越高，近期的动态有效捕捞量水平超出静态可持续产量水平的程度就越大。

　　在经济有效的动态管理的情况下可再生资源通常是不会灭绝的。E_c 是经济分析模型中最高的动态有效工作水平。经济学认为，由于存在采集成本，最后一些可再生资源的捕捞成本经常超过人们的支付意愿（包括未来时期的成本），所以更可能的情况是捕捞量小于最大可持续产量。

　　有效的捕捞量是否会导致种群灭绝与增长率有关，增长率越高的种群灭绝的可能性越低。种群增长率越高，后代得到满足的可能性就越高；相反，当增长率很低时，后代会由于当代人获得过多而蒙受损失。

　　对于可再生资源来说，动态效率产量水平与最大可持续产量并不会自动一致，所以对可再生资源的有效配置来说，导致资源灭绝在数学意义上是可能的。在动态管理中，只要种群数量的增长率高于贴现率，动态管理的渔业生产捕捞量就不会导致灭绝，人们在决定当期生产水平时会顾虑到未来确定的正收益增长。而当种群数量的增长率低于贴现率，并且捕捞最后一单位的渔业资源成本足够低时，资源灭绝的情况就可能发生，因此有必要对可再生资源实施动态的有效管理。在资源增长率为 0 的极端情况下，资源总量是固定值，即转化为可耗竭资源。

　　而公海渔业资源由于在产权方面的非排他性，捕捞活动的个体参与者更可能进行高贴现率水平的决策，从而加速"公地悲剧"的发生，导致可再生资源的耗竭。

专题 20　可再生资源的有效管理

　　可再生资源在市场机制中存在较为严重的外部性问题，同时作为可获利的经济资源更面临着发生"公地悲剧"的资源耗竭前景。20 世纪中后时期北海的鲱鱼、太平洋鲑鱼等海洋生物因过度捕捞面临产量急剧下降甚至灭绝的困境。资源的管理部门及管理者，如林业、渔政管理部门等，一直尝试各种方式对可再生资源的可持续利用进行有效管理。

　　提高资源开采利用的难度和成本是最常用的管理方式，如限制资源的开采者数量及开采资源数量、禁止或限定开采技术和方式、规定开采时间及长短、建立个人可转让配额制度等。常见的实际措施包括设定禁伐区、禁猎区及禁渔区，对资源开采者实施资格管理或准入制度，发放资源开采配额（禁止转让或可转让），规定作业时间或禁止作业时间（禁渔期、禁猎期），禁止采用电网或其他各种生产效率过高的渔网捕猎鱼类及鸟类等野生动物等。极端的例子之一是一直延续到 1950 年的美国布里斯托海湾禁止渔民使用以发动机为动力的渔船及带刺的渔网捕鱼的限制令。

　　这些措施尽管存在降低资源开采能力、减少就业机会等不利的经济影响，但很多情况下这种影响被认为是短期的，有效增加资源储量的管理结果在长期来看可以保护物种、提高资源开采者的总收益并保障后代的消费需求。

　　与此同时，技术进步提高了开采效率、降低了开采成本。可再生资源的有效管理制度不停地面临着效率降低甚至完全失效的挑战，目前世界上仍有很多区域的可再生资源面临持续衰退的危险。根据我国 2019 年末的《农业农村部关于长江流域重点水域禁捕范围和时间的通告》，长江流域捕捞按照国家和所在地相关政策开展退捕转产，重点水域分类实行禁捕，部分水域明确规定的禁捕期为常年并暂定执行期到 2031 年，这是对长江水系的生物资源枯竭局面的有效应对。

　　资料来源：彼得·伯克，格洛丽亚·赫尔方. 环境经济学. 吴江，贾蕾，译. 北京：中国人民大学出版社，2013；Tietenberg T. 环境与自然资源经济学. 5版. 严旭阳，等译. 北京：经济科学出版社，2003。

第三节　舒适性资源的可持续利用

　　舒适性资源指不是由人类经济系统进行生产加工后的产品消费来满足人类物质需求，而是通过观赏、休闲娱乐、文化及科学教育方式体现价值，为人类提供舒适性服务、满足人类精神需求的自然环境资源。这一类资源通常具有在显著的破坏后不可逆的特点，被认为是"大自然的馈赠"。

　　舒适性资源通常包括自然风景美学资源、地质历史变迁遗迹资源、生物进化史资源及野外娱乐资源，如具有极高美学价值的名山大川等自然风景名胜地资源，火山、冰川、温泉、化石床、沙漠等自然地质遗迹资源，原始森林、荒漠、热带雨林、自然保护区等珍惜动植物资源及可提供滑雪、登山、垂钓、狩猎等户外娱乐功能的雪场、高山、江流湖泊、森林草场等天然运动场所资源等，甚至包括极端气象条件下形成的日出、云海、雾凇、海市蜃楼等短时景观资源。这类资源有的风景优美奇异、有的具有极高的科研价值、有的为人类提供了难以人工复制的休闲娱乐体验，对人类的效用通常体现在观赏、文化教育或科学价值上。除部分生物资源外，大部分归入舒适性资源范畴的自然环境资源均属于不可再生资源。

一、舒适性资源的经济特性

　　鉴于舒适性资源所提供的高层次精神需求，包括对美感、文化和认知的需求是其他类型的资源无可替代的，因此划归入舒适性资源的这一类资源在自然界中的储量是有限且供给量不能随着需求的增长而增长，人工复制品难以取代而构成了舒适性资源的唯一性和真实性。舒适性资源中的绝大多数类型（主要是自然生态型的舒适性资源）均是亿万年来自然力的结果，如此长的年龄值是人类不可能体验和想象的，一旦遭到破坏，它们将永远地从地球上消失。人类基本的物质需求越是得到满足，对舒适性资源所提供的精神需求就越强烈，即舒适性资源表现出日益显著的稀缺性。

　　另外，随着科技的发展，人类在自然界不断发现并获得新的信息，这种认知的不确定性使舒适性资源的利用存在诸多的不确定性，同时由于其效用的非物质性属性，其价值作用于整个人类社会，因此具有极强的正外部性和公共物品属性，即在满足精神需求时大部分效用具有非竞争性和非排他性。于是，当舒适性资源同时存在物质资源的消耗性利用方式时，保护和非物质性利用方式就可能产生较高的机会成本。

二、舒适性资源的保护

　　舒适性资源除了受到风吹日晒、雨雪淋溶等自然过程的影响外，还可能受到地震、洪水、火山喷发等突发自然灾害的破坏，同时近代人类活动对舒适性资源的破坏性影响也越来越大。人为影响的范围和尺度很大，不仅包括全球性的酸雨污染、气候变化的影响，也包含资源周边的大气、水、生态等自然环境要素的污染性影响以及在生态旅游中游客直接排放、交通和其他用能产生的废气、垃圾等对资源的直接影响。与自然变化相比，人为因素的影响应该尽量消除。因此，在对舒适性资源进行保护时，除尽可能避免自然因素影响损失外，减轻和消除人为因素影响的必要性越来越大。

建立资源保护清单和保护区是目前较为常用的保护措施。例如，通过评估生物物种及亚种的绝种风险，编制濒危物种清单，旨在向公众及决策者反映生物保育工作的迫切性，并协助国际社会避免物种灭绝。保护区包括风景名胜区、自然保护区、森林公园、旅游度假区等各种类型，特别是其中的自然保护区和森林公园，其主要目标就是进行地质、景观、生物等资源的综合性生境和区域保护。当通过资源分布调查将资源的主要部分纳入保护区范围时，由于多数保护区内的资源不再具有通常的经济性使用途径，保护区外的资源稀缺性就变得更突出。

保护舒适性资源最困难的地方在于资金的筹措。舒适性资源通常对全球和全人类，包括后代均有较高的正外部性，保护的成本由资源所在区域来承担则有失公平性。为此，除通过国际公约和国际援助得到支持外，对舒适性资源进行要求和限制较高的可持续利用，以获得较为稳定的保护资金来源是必要的。

三、舒适性资源的可持续利用

鉴于舒适性资源物质消耗性利用时资源量或状态不可逆的根本状况，对舒适性资源的可持续利用多采用非物质消耗性的利用形式，除必要的科学观察和研究之外，采用限制较为严格的生态旅游方式。生态旅游是一种在资源特性的基础上合理有效地设计游乐内容和管理模式而开展的观光旅游活动，旨在为资源的保护筹集必要的资金，并适当促进资源所在区域的经济发展，最低限度地减少对资源的干扰和破坏是从事生态旅游活动的基本前提。

1. 限定游客活动区域

从事生态旅游时，为避免游客活动对保护对象造成不必要的破坏损失，对游憩区域一般都进行相对较为严格的分区规划和限制。对游客进行分流可实现对舒适性资源更理想的保护效果。

区域的划分一般是先确定全封闭、不得进行保护目的以外的任何活动的核心区，这一区域被明确在生态旅游活动之外。其他可进行旅游活动的区域又可被细分为游憩缓冲区和密集游憩区等。游憩缓冲区也称核心实验区，即在不影响保护对象和保护工作的前提下，允许进行适度或少量旅游活动的区域。密集游憩区也称为缓冲区，是可进行适度旅游、科研、教育活动的区域，同时作为生态旅游中游客的主要活动区域。

2. 确定游憩活动内容及容量

多数生态旅游活动内容被局限在参观类游览活动，这一类活动内容相对单一，但仍需详细设计活动时间、交通工具及为防止游客的接触或其他意外行为而对可接触到的资源进行必要的保护措施。而某些较为特别的舒适性资源可能会开展接触性游客体验类游憩活动，如海滨地理位置资源的游泳和潜水旅游项目、沙丘资源的滑沙旅游项目等。在这类活动中更应注意规范游客的行为，避免对舒适性资源造成不可逆转的永久性损失。

　　游客数量受到社会对舒适性资源的价值认知、社会经济情况等多方面影响，但从资源受游客数量的影响来说，大多舒适性资源在开展生态旅游活动时应对游客临界容量的限制有明确的认知，将游客数量控制在不使舒适性资源遭到自然力无法恢复的损失限度之内。游客临界容量的确定应着重于人为行动对承担旅游活动的自然资源的影响，为此应进行专业的监测和研究。例如，敦煌莫高窟为确保文物及游客安全，有明确的单日最大游客承载量6000人的控制目标，并为此制定了专门的超大客流应急预案，近年来随着市场发展，对游客进行限流分流的情况频繁发生。

总结和思考

　　在环境问题的管理和解决过程中政府是必不可少的干预者，而政府在复杂的环境污染和资源利用问题中面临着管理对象的确定、管理手段的选择、管理成本和利益的分配等多重难题。为此，环境经济学试图厘清社会环境物品需求的物质数量和价值数量、进行环境经济评价、制定和实施各类环境经济政策，并对环境污染和自然资源进行以可持续利用为目标的环境管理。在这些研究内容中，理论和技术方法是明确的，但在面临具体问题和资源时，甚至在不同政治体制和社会习俗的区域时，没有单一的实践，创新性应用和不断的变化调整在所难免。

思　考　题

　　1. 如何理解可耗竭资源在 2 个时期及 n 个时期的资源配置模型？成本、替代性等经济因素会对资源配置产生哪些影响？

　　2. 对可再生资源可持续利用最重要的影响因素是什么？

　　3. 私人林场和公海渔业资源在可持续利用原则下的管理方式有哪些区别？

　　4. 什么是舒适性资源？其经济特性、保护和利用上有哪些特别之处？

参 考 文 献

保罗·克鲁格曼，罗宾·韦尔斯.2012. 宏观经济学. 赵英军，付欢，陈宇，等译. 北京：中国人民大学出版社.

彼得·伯克，格洛丽亚·赫尔方.2013. 环境经济学. 吴江，贾蕾，译. 北京：中国人民大学出版社.

戴树桂.1997. 环境化学. 北京：高等教育出版社.

高鸿业.2007. 西方经济学（微观部分）. 北京：中国人民大学出版社.

高晓龙，林亦晴，徐卫华，等.2020. 生态产品价值实现研究进展. 生态学报.40（1）：24-33.

格里高利·曼昆.2009. 经济学原理：微观经济学分册. 梁小民，梁砾，译. 北京：北京大学出版社.

何燧源.2005. 环境化学. 4 版. 上海：华东理工大学出版社.

经济合作与发展组织.1996. 国际经济手段与气候变化. 曹东，张天柱，译. 北京：中国环境科学出版社.

经济合作与发展组织.1996. 环境税的实施战略. 张世秋，王婉华，张山岭，等译. 北京：中国环境科学出版社.

经济合作与发展组织.1996. 环境项目和政策的经济评价指南. 施涵，陈松，译. 北京：中国环境科学出版社.

克鲁蒂拉，费舍尔.1989. 自然环境经济学：商品性与舒适性资源价值研究. 汤川龙，王增东，宁泽民，等译. 北京：中国展望出版社.

马中.2019. 环境与自然资源经济学概论. 3 版. 北京：高等教育出版社.

皮切尔 T J，哈特 P J B.1986. 渔业生态学. 刘春元，王明德，译. 上海：华东师范大学出版社.

汤吉军.2011. 市场结构与环境污染外部性治理. 中国人口·资源与环境，21（3）：1-4.

Kimmens J P. 2005. 森林生态学. 曹福亮，译. 北京: 中国林业出版社.

Tietenberg T. 2003. 环境与自然资源经济学. 5 版. 严旭阳，等译. 北京：经济科学出版社.

Van Hecken G, Bastiaensen J. 2010. Payments for ecosystem services: justified or not? A political view. Environmental Science & Policy, 13(8): 785-792.

第四部分　风险、不确定性与可持续发展

　　现代科学，无论是自然科学还是社会科学，对很多环境问题而实施的环境管理的对策及结果不够精确。理想状况是可以找到占优政策，即在任何可能的结果中都有最好收益的行动方案，并且这时的管理决策是唯一的。但现实远远要复杂得多，更多的情况是风险和不确定性决策中人们在成本和收益之间的选择非常困难。这并不是环境问题和自然资源领域独有的现象，人类社会的运行一直处于风险和不确定中，人们并没有为规避风险而"听天由命"。解决环境问题时现有的风险规避制度具有很好的补充作用。但同时更应关注的是，当做出对环境和资源不可逆转的行动决策时，人们应该更谨慎。

第九章　环境经济决策中的风险与不确定性

随着社会和经济的发展，环境科学与经济学的关系越来越紧密，同时也产生了一些更高的要求。早期人们关注的是污染源与损失之间清晰而确定的环境问题，如工业生产过程中排放的废气、废水、废渣、噪声会损害人们的健康、影响资源数量或质量水平，从而降低生产率时，环境保护工作通常很容易开展，无论是政治的、经济的还是社会的对策和方法都起到了重要的管制作用，尽管从经济的角度讲，成本和收益不尽相同，但随着时间的推移，大的污染源或相对容易管理的环境问题被管制或解决之后，更多的环境问题会变得越来越困难和复杂。例如，世界各国在气候政策的实施问题上几十年来一直在艰难地谈判和协商，很难取得共识的主要原因是气候变暖的结果及损害带来的不确定性；对农作物改良、新的药物产生的巨大收益是不确定的，因为其对生态系统中所有的生物并不是都有益，还依赖于人类的科研方向和发展水平；石油或其他对人类有毒有害的物质在运输或在生产过程中泄漏或意外时有发生，而完全禁止运输和生产是不现实的……风险和不确定性是以上问题的共同特征。

风险是不确定的，可获得的收益也可能是不确定的，在效用最大化的环境经济决策中，风险和不确定的环境问题显然要比确定的环境问题复杂得多。

第一节　环境风险与不确定性

科研成就不断刷新人类的认知，同时也带来了更多的未知，风险与不确定性就是如此。

环境污染会对人体健康产生影响，暴露于污染之中会增加受影响的可能性，但并不一定对人或其他生物产生不良影响，环境污染与人体健康的恶性后果之间的因果链通常是漫长而复杂的。以农药残留危害为例，农药残留的根源在于农业生产过程中对农作物喷洒农药，而农作物成熟后要经过采集收获、运输储存、清洗加工等一系列环节才会成为人们餐桌上的食物。在这一过程中，农药的使用会增加生产成本，生产者并不会过多剂量的喷洒，所以农作物上残留的农药可能是为了应对更严重的虫害或喷洒不匀造成的，这些原因并不经常或肯定发生；在采集收获、运输储存过程中，残留的农药有可能降解挥发；清洗加工过程中也可能被溶解……即使残留的农药真的被摄入消费者体内，是否会引发恶性后果（如引发癌症）仍可能与个体的消化吸收剂量、其他摄入物的协同作用、基因及生活习惯等个体特性有关。虽然科学技术可以对食物上的农药残留量进行精准测定，但在引发恶性后果前的其他过程中存在更多随机性的可能。同时，当人们食用的多种食物出现农药残留问题时，现代农业供给链并没有一个完善的物流链体系对这一过程进行精准的追踪。

更多的不确定和风险产生于环境问题的时滞性,即污染物从产生到最终造成确定性危害可能需要很长时间。农作物的生长需要数月甚至数年,运输储存的时限被现代科技不断延长,而人体摄入后产生严重后果的时间可能是数年到几十年不等。时间越长,精确追溯到起因的可能性就越低。

一、风险和不确定性

在统计学和决策理论中,只有一种肯定结果的事件是确定性事件,而可能存在多种结果,且最终发生哪种结果不确定的事件统称为不确定性事件。许多复杂的问题都具有一定程度的不确定性,包括结果、技术参数及约束条件的不确定性等。

在不确定性事件中,有一类事件历史上曾发生过,并且将来也必定会再次发生,但何时发生不确定,在事件进行时也并不经常碰到。这一类事件可利用已有的历史数据对未来发生的可能性进行事件概率分布的客观估计,被估计对象具有重复出现的偶然性。这一类事件具有风险可测度,即事件发生的概率是可测或潜在可测的,也称为风险型事件。

另一类事件则有可能会发生也有可能不会发生,发生的概率极低甚至从未发生过,很难预估其发生的概率。当事件发生的概率不确定时,与风险型事件相比,这一类风险发生的可能性大小无法衡量的事件就是真正的不确定性事件。

风险型事件中仍然存在一定的不确定性,有时只能对有关度量值发生的区间概率进行测度,度量值在这个区间内发生的情况则是随机的。同时概率的确定虽然都有较为严谨的科学依据,但对其真实值或测度过程仍可能存在诸多争议,这也进一步增加了风险型事件的不确定性。

专题 21　风险中的主观性

风险发生的概率值或区间概率能在很大程度上帮助人们对不确定性事件进行统计学上的科学测度,但这些通过以往发生过的事件推算出的概率值并不总是在决策中得到客观的应用。除了误差原因和发生风险事件的概率值被修正的客观因素影响外,心理学家指出人们在评估不确定的风险时,个人通常会高估小概率事件发生的可能性而低估大概率事件发生的可能性。根据这一心理现象,在风险型事件决策时,有主观风险与客观风险的说法。客观风险是指统计相关关系中的风险事件,主观风险则是指个人对客观风险的主观认知。在公众认知中,核电站的风险很高,远高于领域专家评估的客观风险,这也是核电站建设争议的根源。

是否自愿接受风险也对风险的评估和风险型事件的决策有重大影响。在核电站工作的员工比核电站周边的居民更愿意承受核事故风险,相比于居民的强烈反对意愿比员工的高报酬能提供的额外补偿要低得多。即在自愿接受风险时,人们可能会为很少的收益而承担风险,但在不自愿接受风险时,人们对安全的要求就会有所提高。

面对风险型事件带来的不确定性后果,决策很难。而当风险型事件的客观与主观评价差异明显时,决策就会陷入更加困难的境地。

二、环境风险下的决策：期望收益和期望效用

当在行动中面临环境风险时，可采用期望收益和期望效用理论来帮助决策。

如图 9-1 所示，假设对于存在环境风险的商品，用横坐标表示收益 U。对于事件 A 和事件 B，当事件 A 发生时获得的收益为 $U(A)$，当事件 B 发生时获得的收益为 $U(B)$。如果已知事件 A 发生的概率为 $P(A)$、事件 B 发生的概率为 $P(B)$，则期望收益 CE（U）为

$$CE(U) = U(A) \cdot P(A) + U(B) \cdot P(B)$$

人们在风险情况下对效用的估值与实际收益通常并不一致，当效用函数确定时，可采用期望效用值代替期望收益值进行决策。假设对于存在环境风险的商品，效用函数为 $V(U)$，即图 9-1 中纵坐标表示的效用 V 是通过效用函数 $V(U)$ 来构建的，则在 A 事件和 B 事件发生时分别设为 $V(A)$ 和 $V(B)$。期望效用 EV 为

$$EV = V(A) \cdot P(A) + V(B) \cdot P(B)$$

效用在经济学中被认为是人们从消费一种物品或服务中获得的满足程度，或者感觉到主观享受或有用性。由于效用相比于市场价格或价值更能表达人们对评价对象的主观评价，因此比收益更适合用于一些没有市场价值的环境物品的决策。但效用取决于人们对该物品的主观感受，不同人的感受是不同的。考虑进一步叠加风险的情况，当边际效用随着效益水平的上升而递减时，是厌恶风险的风险规避者；相反的情况是风险爱好者，中间的直线是风险中性的，对这一类决策者，确定的效用值与带有风险的期望效用值的选择没有差别，只考虑期望收益值即可，如图 9-2 所示。

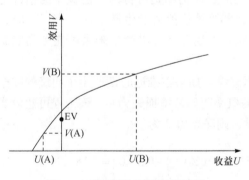

图 9-1　环境风险下的期望效用

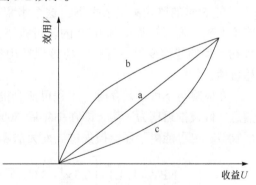

图 9-2　风险下的效用评估

直线 a 表示风险中性，是理性决策者，这一类人群在存在风险时仍认为 $U=V$；曲线 c 是厌恶风险的风险规避者，他们认为有风险时 $U>V$；曲线 b 是风险爱好者，他们认为 $V>U$，即更偏好高风险下的高收益

三、不可逆情形下的风险决策

有些环境风险与不可逆情形共存。例如，对于生态系统和生物多样性来说，有一种收益来自于其中某些物种在未来会变得非常珍贵的可能性，即可能从这些物种中寻找价

值，但这种收益是有环境风险的，即在未来找不到价值的可能性同样存在。当希望对其从事可以带来经济收益的开发活动时，对生态系统和生物多样性的破坏是不可逆的。如果能够确知这种不可逆损失的代价高昂，将不会选择进行开发活动。在不可逆的风险决策中需要进行更多的分析和讨论，推迟进行不可逆影响的活动也是一种可选的决策方案。

假设建设一项淹没了山谷的水利工程在建设初期需要花费 8 亿元，以后其每年可生产 1.5 亿元的电力。按 10% 的贴现率计算，该水利工程的净现值（NPV）为

$$NPV = -8.0 + \sum_{t=1}^{n} 1.5 \times (1+10\%)^{-t} = 7.00$$

如果被淹没的山谷在未来因人类娱乐和户外运动的偏好变化而产生价值，其游憩价值每年可达 1.0 亿元。当该事件确定发生时，该水利工程的净现值变为

$$NPV = -8.0 + \sum_{t=1}^{n} (1.5-1) \times (1+10\%)^{-t} = -3.00$$

即该工程变得不可行。

但如果该价值的产生只有 50% 的概率，即有 50% 的概率产生每年 1.0 亿元的损失价值，也有 50% 的概率是 0 价值损失，则年均期望损失为 0.5 × 1.0 + 0.5 × 0 = 0.5，该水利工程的净现值变为

$$NPV = -8.0 + \sum_{t=1}^{n} (1.5-0.5) \times (1+10\%)^{-t} = 2.00$$

在 50% 的风险概率水平下，这个水利工程的建设仍然是可行的。但概率的估计可能不准确。通过计算得到 0.70 的转折概率值，即当该价值的产生概率在 70% 以上时，水利工程的建设变得不可行，应该保留山谷的原生生态环境以产生未来可能更高的游憩价值。

在风险与不可逆共存时，工程可能会推迟建设。如果在推迟时期产生了明确的完全信息，假设推迟期为一年，即在一年后 50% 的概率明确环境损失为 0，该工程可建设实现收益，也可能由于环境损失过高而无法建设，则净现值变为

$$NPV = 1/1.1 \times \left[0.5 \times \left(-8.0 + \sum_{t=1}^{n} 1.5 \times (1+10\%)^{-t} \right) + 0.5 \times 0 \right] = 3.18$$

计算结果表明，在推迟开发后，与风险前景相比，工程的净现值是增加的，这被视为推迟建设工程的价值，即关于未来环境损失的信息价值。如果选择推迟建设产生不可逆环境影响的开发建设活动，那么就可以根据获得的信息调整行动方案，不开发或推迟开发会有效降低不可逆的环境损失。

第二节　责任管制

在现实中人类从事的任何社会活动都与风险并存，无论是生产、交通还是日常消费。

社会活动中有大量的法律和社会规范来约束人们从事危险活动，如驾驶机动车必须取得在基本健康和技术要求下的驾照、驾驶时需遵守道路管制要求及其他毒驾酒驾的禁止规则、不能从事影响驾驶安全的活动等。但这显然是不足的，实施完全的规范并约束到所有的危险行为几乎是不可能的，而且还存在大量管制的道德风险问题。既然做不到完全地消除风险，就应该尽力将风险降低到可以接受的程度和水平。目前人类社会对风险的处理方法通常是责任管制方式，即任何从事可能对他人造成危险的行动的人必须补偿事故中的受害者。责任管制方式可以有效地将事故损失内部化到从事风险活动的成本收益核算中，使从事危险活动的主体尽可能负责任地行动。

一、责任管制的经济学原理

风险行动的期望损失与预防风险措施之间存在反向函数关系，即所采取的预防风险措施越多，期望损失就越小；而采取预防措施的成本则呈现正向的函数关系，即所采取的预防措施越多，行动主体付出的成本就越高。如图 9-3 所示，边际期望损失（MED）曲线随着预防措施水平的增加而降低，而边际预防成本（MC）曲线则随着预防措施水平的增加而增加。

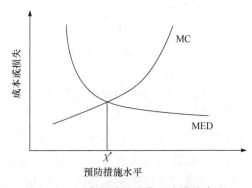

图 9-3　风险行动的最优预防措施水平

可见，在没有责任管制的情况下，由于无须承担损失责任，考虑到增加的成本，行动主体不会采取任何预防措施。在责任管制之下，行动产生的危险后果的总成本就是预防措施的成本与期望损失之和。总成本最小的预防措施水平就是图 9-3 中边际期望损失与边际预防成本的交点处的最优预防措施水平 X^*。

二、风险责任：严格责任、过失责任与连带责任

在社会范畴中，责任的承担方式有多种，主要有严格责任、过失责任与连带责任等责任承担方式。

严格责任又称结果责任、无过错责任，即如果发生了事故，责任主体就需要对受害者加以赔偿，不论责任主体是否采取相关防止事故措施，甚至有时责任主体对于结果的发生并无认识和预见。严格责任被认为可以促使人们在从事有关社会活动时更加小心谨慎。对于不一定发生甚至未知的环境风险，明确的赔偿责任有助于责任主体有意识地预知、排查、防范和及时反应。

　　严格责任在某些情况下被认为是不公正的，这是因为很多行为已处于相对严格的风险管控之下或是由于受害者的过错行为造成。行为人主观上的过错，即没有采取适量的预防措施时才需要承担事故责任的情况称为过失责任，行为人没有过错就不承担责任。在多数法律体系中，在没有特别规定的情况下判别责任都会先对是否有主观上的过错进行甄别，有时即使是在严格责任下由于非过错而对责任进行减轻处理。在判定过失责任时采用的客观标准即法规下的预防措施水平要求，即图 9-4 中的 X^*。如果责任主体采取的预防措施低于 X^*，则施害责任人需对受害者的期望损失负责，即当风险事故发生时，施害责任人付出的总成本为受害者的期望损失与采取的预防措施的成本之和。而在 X^* 之后，在过失责任原则下责任主体并不承担受害者的损失，即图 9-4 中社会总成本 $ED(X)+C(X)$。

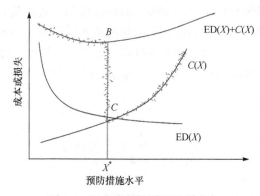

图 9-4　过失责任规则下的总成本
$C(X)$ 曲线为预防措施成本；$ED(X)$ 为受害者的期望损失；$C(X)+ED(X)$ 为风险事件中的社会总成本

　　很显然，责任主体追求合乎规范要求的预防措施水平既不能过高也不能过低，否则都要付出更多的成本。同时，意味着对受害者来说又可能形成新的不公平，在责任主体采取了适当的预防措施之后，受害者不仅无法从责任主体中取得收益，还要承受风险活动在发生事故时所造成的损失。

　　环境风险的长期性及因果链的复杂性，扩展了一般民事范围内的连带责任关系在环境风险的管控范围。连带责任通常是指根据法律规定或当事人有效约定，两个或两个以上的责任人都对不履行义务或损害结果承担全部责任。例如，当土壤污染是由一个停止运营多年的已无法追诉的危废处理企业造成的，这时通常的做法是由当年处理过的危废的产生企业来承担连带赔偿责任。即便有时环境污染是由第三人的过错所致，污染者也不能因此免除侵权责任，而应与第三人一起承担连带责任。

三、直接管制与责任管制

　　直接管制是直接规定的各种产出水平和预防措施要求。为确定适合的直接管制规范，需要事先收集大量的相关信息，进行有关的规则体系建设，包括实施、监管和惩治。在责任管制方式中，只有风险事故确实发生后才需要进行损害信息的收集及责任认定，在风险相对低、事故少的领域，责任管制方式就会具有优势。

责任管制同样存在一定程度的不确定性。当生产者意识到发生风险事故损害极高，其赔偿责任无法承担只能破产时，企业可能会听之任之而不采取更谨慎的预防措施，这时责任管制的效率就大打折扣。同时事后的责任管制为责任主体带来的极高的不确定性，责任的认定和赔偿额度受当时的法律、法官（合议庭或陪审团）、损害程度鉴定等多方面影响，对于风险厌恶型的企业经营者来说，也可能加倍小心而产生过高的风险预防成本。

在环境保护领域，直接管制和责任原则通常被综合运用。

大多数的排污者被置于相对严格的管理体系中，包括开工建设前的环境影响评价及风险评估、工程建设中的环保设备安装和实施措施、生产中的污染物排放种类和数量的监管、生产结束后生态和环境恢复等都需要遵守一定的法律或管理，用来规范经济活动中环境污染事故的预防措施、水平和效果要求。这套全方位的环境管理体系可以避免大多数可预见的环境风险结果的发生，即环境污染损害发生时遵照环境管理体系，责任主体可能并无主观过错。

环境污染损害赔偿责任的确认在很多地区实行的是无过错责任原则，即一切污染和破坏环境的单位或个人，只要客观上造成损害结果，即使主观上不是故意和没有过失，也应当承担损害赔偿责任。也就是说，施害者无论有无主观过错、行为有无违法、排污有无超标，都不影响赔偿的责任成立，只要施害者的行为与损害结果之间具有因果关系，赔偿损害即可成立。为防止无过错生产者在严格责任中陷入财务困境甚至处于破产边缘，在核能、危险废物等领域的严格责任中一些国家和地区加入了最高赔偿限额的补充管制原则。

专题 22　达标排污致他人损害的无过错责任

自 2003 年 6 月起，聂胜等 149 户辛庄村村民因本村井水达不到饮用水的标准，而到附近村庄取水。聂胜等人以平顶山天安煤业股份有限公司五矿（以下简称五矿）、平顶山天安煤业股份有限公司六矿（以下简称六矿）、中平能化医疗集团总医院（以下简称总医院）排放的污水将地下水污染，造成井水不能饮用为由提起诉讼，请求判令三被告赔偿异地取水的误工等损失。

本案审理法院认定三被告即使排放污染物达标，但造成损害仍应当承担民事责任。涉案地下水污染系多个责任主体、多个排污行为叠加所致，在厘清不同排污行为产生的主次责任以及被告承担责任的比例划分的基础上，法院于 2011 年 7 月作出判决：依据鉴定报告及专家意见，认定三被告对因其排放生产污水造成的本案误工损失共同承担 40% 的赔偿责任；五矿、六矿就其职工及家属排放生活污水造成的其余 60% 误工损失共同承担六成的赔偿责任。三被告共同赔偿聂胜等人误工费 33.54 万元。

尽管我国现行法律对环境侵权归责效力的规定还不是十分完善，但环境侵权的原则基本适用无过错责任原则。达标排污即便遵守了相关标准和规则，也并不能成为排污者免除环境侵权责任的理由。在达标排污造成侵权后果的情况中实行无过错责任，即要求排污者对其排污行为的最终后果负责。世界各国对此的相关立法与司法实践有所差别，美国、比利时、荷兰等一些国家适用无过错责任，而法国、德国等国家则持否定原则。

达标排污所致环境侵权的关键是相关标准、规则与环境损害后果之间存在脱节现象，这对环境管理提出了更高更灵活的要求。

资料来源：中国法院网. 聂胜等 149 户辛庄村村民与平顶山天安煤业股份有限公司五矿等水污染责任纠纷案. 2014；刘卫先. 论达标排污致他人损害的责任承担. 中国地质大学学报（社会科学版），2018，18（3）：70-85。

第三节　环　境　保　险

环境风险中的重大事故和严重损失发生的可能性在现代生产力水平下通常是很小的，直接管制和责任管制都在尽可能地减少风险，但完全避免仍较困难。在这种情况下，市场机制中的保险产品就是有效的补充。

保险产品最大的优点在于只要事故发生，受害者在可以获得赔偿的同时分担了责任主体的赔偿压力，对责任方和受害者两方都是有益的。引入第三方保险公司通过运营产品收益，为防止出现事故损害赔偿，他们会自动成为监管者来为投保者提供专业要求和建议，从而进一步降低风险。

环境风险中引入环境保险必须使其满足保险产品的基本要素，使环境风险具有可保性。

一、保险要素

投保人需求的保险产品一般是事故发生的可能性较小，但一旦发生则可能损失巨大，个人无法承受应承担的处置或赔偿责任时有效地进行风险分担的产品。市场机制中自发出现的保险产品交易，必须使交易双方满足各自的效用，即对于保险公司来说该产品必须有足够的利益吸引力，而对于投保人来说也要以最少的保费成本起到有效分担风险的目的。为此，保险产品必须满足以下一些基本条件。

1. 风险是可分担的

保险产品的风险是可分担的。对于保险公司来说，风险事故的发生一般应互不相关，同时或接连发生多起事故的概率相对很低，多数不发生理赔的保单对应少数事故理赔，即保险产品实现的是将大量人所面临的同样风险集合起来，将少数事故损失分摊给其他人的过程。如果事故由同样的自然条件引发，条件被触发时，保险公司可能面临过多的赔偿要求而引发自身破产，保险没有解决任何问题。

2. 适合的保费价格和清晰的保险赔付度量

保费作为价格指标是保险市场最重要的影响因素之一。保费定得过高对投保人失去吸引力，过低则保险公司的利润降低甚至在连续或重大事故赔付中破产。相比于不确定性事件，当风险型事件的概率已知时，即对统计学意义上的风险型事件，保险公司可以根据风险概率、市场规模、运营成本等基本条件精确计算适当的保费，保险产品成功的可能性会高很多。

发生损失时能够准确地计量损失的具体程度，是实现赔付的基本前提条件，这需要明确界定损失的范围、内容、程度。大多数情况下也需要时间期限的限定，通常时间越长风险越高。

3. 不存在道德风险与逆向选择

在保险产品中道德风险通常是指在保险公司为投保人分担了风险后，随着投保人行动时保持谨慎动机的减弱，损失发生的可能性会上升。如果保险公司无法实施有效监督引发风险的不谨慎行为，理赔概率就可能上升，那么保险公司就会进一步提高保费，直到保险产品对投保人失去吸引力，保险产品就在市场中失败了。

逆向选择则是指对有保险需求的客户群体中，如果保险公司无法有效甄别容易出险的个体，那么就可能出现购买保险产品的客户中出险的数量越来越多，这同样会进一步推高保费，当保费上升到只有确定会发生损失的客户才会购买时，该保险产品也就失败了，不会再有保险公司推出这款保险产品。

二、环境风险的可保性

环境风险进入保险市场同样需要满足以上的各个条件和基本要素。

经过多年的科学研究和实践验证，环境风险事件发生的来源和影响对象通常是清楚的，即环境污染损害的产生者、影响对象的范围和影响因素是清楚的。无论是固定源还是移动源，特别是固定源中的点源，其环境污染损害事件的发生大多是独立的，大部分情况下风险可分担的条件比较容易满足。

有效避免道德风险和进行逆向选择客户甄选对环境风险市场来说相对可控，一般可以通过技术和管理方面的评估来确定。客户在运营时，污染物治理的工艺和设施、排放的浓度和总量、环境影响预防措施的建立和实施、以往的环保违规记录都比较容易观察和证实。

随着管理技术和自然科学技术在污染防范领域的发展、深入和细化，环境风险事件的发生概率也在不断变化，总体趋势是倾向于越来越小，这对于具体保约执行时的保险公司是好事，但对于保费的计算产生了一定程度的障碍。同时投保人可能对保险产品中风险降低时保费水平随之降低的奖励机制产生更高的要求。

环境风险事件发生后的损失在多数情况下是不清晰的，特别是在进行货币性赔付时具体数额很难理清。在环境价值评估技术中经济学家设计了多种技术手段以对此进行货币化评估，但评估结果的争议依然很大。如果在保险产品中单独约定赔付上限，那么针对可能很高、很长时期的环境风险后果来说，保险产品的意义就会大打折扣。

总体上来讲，有相当一部分环境风险是符合进入保险市场的基本要求的，也有一部分领域可能在当前不能满足全部的保险产品要求，但是通过设计保单内容或调整责任负担规则可以使更多的环境风险具有可保性。

专题 23　保护野生亚洲象的环境保险

野生亚洲象是列入《国际濒危物种贸易公约》濒危物种之一的动物，也是我国一级野生保护动物，我国境内仅有 300 头左右，主要分布在云南的西双版纳、普洱等地区。

2015 年前后，野象群开始频繁出现在该地区的勐康村、南脚河村、黑山村等村庄，甚至普洱市区也有象群光顾过。野象喜食甘蔗、玉米、水稻等农作物，并造成了村民和相关工作人员的伤亡。当地林业部门为此专门对野象活动区域进行管控并通过预警信息平台发布相关信息。专家认为，野象出没造成人员伤亡、财产损失的原因是种群数量的增长与人类活动中过度开发造成亚洲象的栖息地孤岛化、片状化后导致的人象活动区域的重叠，同时基于保护大象的需要，人对大象的威慑力下降，人象冲突的矛盾不断加剧。

除运行亚洲象监测预警机制、实施村寨防护栏项目外，当地政府还专门设立财政资金为村民购买保险服务，由于野生动物活动，群众遭受的人身和财产损失由保险公司进行赔偿。根据保险合同，对人员伤亡及房屋、农作物、经济林、牲畜等受损或死亡按不同标准赔付，财产方面的损失赔偿一般按实际损失的三成进行理赔。

由于不能伤害亚洲象，受影响群众只能在预警后主动避让，财产损失在所难免。虽然保险的理赔标准相对较低，但该保险在 3 年的运营中一直是亏损的，理赔总额超过保费的 14.5%。根本的解决之道仍是为亚洲象提供和维护一个适合的自然生境区域，避免人象的直接接触，减少对人群聚居地的侵扰。

资料来源：央视网. 被野象困扰的村庄　云南勐海.2017。

思 考 题

1. 如何理解环境问题中的风险和不确定性？人们在面对风险和不确定性时是如何进行决策的？
2. 在环境问题中采取的责任管制通常采用的形式是什么？其依据的经济学原理是什么？
3. 保险的基本要素有哪些？环境物品的可保性取决于哪些条件？

第十章　环境与发展的可持续性

1983 年，为关注环境退化问题，特别是关注环境退化对当代和后代的人类福利造成的影响，联合国成立了世界环境与发展委员会（WCED）。1987 年，世界环境与发展委员会经过 4 年的研究和充分认证，在《我们共同的未来》报告中正式定义了"可持续发展"。可持续发展是指在满足当代人需要的同时，又不对后代人满足其需要的能力构成危害的发展。其基本内涵在于人类既需要今天的社会经济发展，又需要保护环境来实现未来的发展，环境经济学的核心目标就是经济发展与环境保护的均衡。

第一节　环境保护与经济增长

18 世纪工业革命以来，伴随着市场经济的快速发展，生产力水平提高的同时社会也变得越来越富裕。工业的发展产生了严重的环境问题，包括空气、水、土壤等环境要素的污染，以及生态系统的破坏和功能的退化。对于很多环境问题人类已寻找到了解决途径并已得到了有效的缓解，但仍有一些环境问题，特别是全球环境问题在解决过程中一波三折，同时又出现了新的环境问题。总之，经济增长在产生巨大财富、提高健康和教育水平的同时，也对环境造成了巨大的影响。人们在解决环境问题中改变行动方式、进行环境管制，这在很多情况下增加了成本，但多数人认为这是值得的，环境保护的效用即使不能用货币直接衡量，但还是得到了广泛的肯定和认同。在这一系列过程和争论中，根源在于人们对环境保护与经济发展关系问题的认知的差异。

一、收入增长与环境物品需求

环境质量变差，市场通常无法自发地进行改善环境质量的行动，但环境质量的改善显然仍与人们对环境质量的需求意愿有关。人们对环境质量的需求意愿越高，社会为此付出的成本和资源配置就越多，环境质量也会相应地改善。常见的现象是，富裕的地区环境质量相对较好，而环境风险高的工程或项目在低收入的地区建设得更多。即使在同一地区同一时间点，低收入者与高收入者相比，环境物品的需求意愿相对较低的现象更为常见。

采用经济学中收入对消费者行为的影响分析理论来分析环境物品的需求意愿，首先，环境物品至少是随收入增长而需求量增加的正常物品，而不是随收入增长需求量降低的低劣品。随着收入水平的上升，环境保护的重要程度进一步依赖于环境物品的需求收入弹性，即当收入持续增长时，对环境物品的需求是否是同等程度增长。当环境物品的需求的增长幅度超过收入的增长幅度时，环境物品就会由正常物品变为奢侈品。

由于环境物品缺乏市场机制的支持，对环境物品的个人需求要综合社会总需求，全体居民的需求还要转化为政府管制环境物品时的目标需求，即最终是由政府将消费者需求与针对环境物品的管制联系起来，这是一套复杂的系统和过程。由于社会经济条件和管理体制不同，不同政府实现社会环境物品需求的符合度、路径方式及管制政策实施后果、跟随需求变化管制目标调整的及时性等都存在很大差异。

专题 24　环境质量变化与收入的关系

在经济领域库兹涅茨曲线用于分析人均收入水平与分配公平程度之间的关系，其研究基本结论为：收入不均现象随着经济增长先升后降，呈现倒 U 型曲线关系。以该理论为基础，探讨环境质量与人均收入之间的关系模型称为环境库兹涅茨曲线（EKC）。如图 10-1 所示，EKC 基本规律为：开始时环境质量随着收入增加而退化，收入水平上升到一定程度后随收入增加而改善，即环境质量随着收入水平的增长呈现倒 U 型曲线关系。

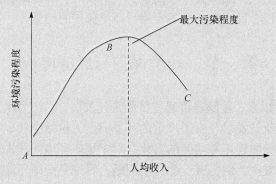

图 10-1　EKC 曲线基本线型

这种倒 U 型规律的基本理论解释为经济和社会发展中的规模效应、技术效应和结构效应的综合作用。在经济增长初期，资本、资源快速增长，同时污染排放的增加使得规模效应起主导作用，环境质量下降；而当经济发展到新阶段，更好的环保技术与高效率生产技术相结合，同时发达国家的经济发展经验表明，产业结构从资源能源密集型工业转向低污染的服务业和知识密集型产业，即技术效应和结构效应超过初期的规模效应，环境恶化得到减缓。同时，随着人们收入水平的提高，社会产生了对高环境质量的需求。来自社会的不断强化的环保压力促进了更严格的环境制度和更高的污染治理及生态恢复的资金投入，从而有效地改善了环境质量。总之，经济发展和收入增长对环境质量的总体影响是乐观的。

在目前众多对 EKC 理论的实证研究结论中，除倒 U 型基本规律外，还出现了 U 型、N 型、单调上升型、单调下降型等多种形式。倒 U 型规律更适于流量污染物和短期的情况，而不适用于存量污染物。

总之，现实的复杂性、动态化和发展性会不断打破其演变路径，新的环境污染问题、新技术、新产业结构、国家及地区经济竞争发展格局等使环境-收入关系偏离倒 U 型规律而呈现出了更复杂多样的相关规律。

二、环境管制与经济增长

当排污者由无管制地排放废弃物到被管制，最后必须减少若干排放量时，排污者必须对生产活动进行改变才能满足管制要求，如安装污染物的清除设备、对原有生产工艺进行技术改造，这都会增加成本，这也是环境管制下最直接的影响。生产成本改变将影响更多的经济活动。

1. 对产业的影响

对企业进行环境管制时，受管制的企业平均生产成本上升，而不受管制的企业平均生产成本相对较低。在不同国家、不同地区实施并不完全相等的环境管制时，管制宽松地区的企业平均生产成本较低，而管制严格地区的企业通常生产成本较高。

图 10-2 是在假设行业内的所有生产企业受到相同的环境管制要求下的市场供需变化情况。当行业的平均生产成本因环境管制而上升时，供给曲线发生了移动，即在同样价格水平下行业的供给量是降低的。在需求曲线没有发生变化时，市场均衡由 A 点移动到了 B 点，即新均衡是在更高的价格和更低的交易量下实现的。

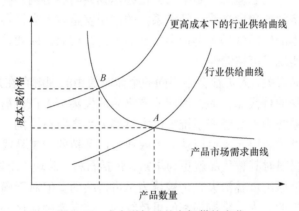

图 10-2 成本增加后的市场供给变化

在考虑长期市场均衡时，必须考虑到生产者有足够的时间进入或退出该行业的影响。决定生产者进入或者退出的决策依据是经济利润，即该行业的收入与成本的差是否为正值。成本中包括机会成本，即这一行业所获得的利润回报应大于或等于其他行业的平均回报。当某一行业由于其环境管制增加了行业平均成本时，决定进入该行业的新企业就会减少。但由长期市场竞争导致的资源配置变化会使行业间利润差别减小，最终的影响应该是很小的。

2. 对其他经济的影响

环境管制使成本变化的同时还会产生一些更广泛的影响。

首先，对生产技术的影响。环境管制要求技术创新，不仅要创新污染物治理技术，也要创新生产工艺，使新产品比老产品性能更好的同时污染更少。越早满足环境管制的企业拥有的技术专利就可能越多，利用新技术的经验积累会进一步降低成本，在全球性环境管制趋于严格的大背景下，相对早期的环境管制可能会带来长期的技术竞争优势。

环境管制对就业和经济总体的影响是不确定的。环境管制下新的竞争均衡是使产品生产量减少，受管制行业可能因生产量降低而裁员，对就业造成负面影响。但环境管制带来的技术创新和全新的管理要求又会产生新的就业岗位，对就业的影响是正向的。当用国内生产总值（GDP）来衡量经济总体情况时，产品数量的减少和价格的上涨对GDP变化的影响是相反的，即从总体上很难确定对就业和经济总体的影响是消极的还是积极的。

必须指出，考虑环境保护与经济增长的关系时很多时候忽略了外部性影响。经济增长的前提应是社会总福利水平的上升，而不是单纯的经济指标的变好。

第二节　环境经济学中的可持续性

目前可持续发展已被广泛应用于经济学和社会学范畴，迅速融入了包括学校、企业及城市、国家、地区的众多管理机构的发展目标中，是一个涉及经济、社会、文化、技术和自然环境的综合的动态概念，是全社会最终达到共同、协调、公平、高效和多维发展的概念。仅从经济学的角度来看，经济系统的作用就是向人类社会提供福利，可持续性在经济学中最基本的标准就是人类社会福利的可持续获取，即如果人类社会的福利水平不降低，那么就实现了可持续性。

福利和很多物品有关，人类社会中不同的个体对效用的理解存在差异。市场体系中，如果物品存在可接受的替代品，那么即使原有物品消失甚至灭亡，福利的可持续性仍然存在。以森林生态系统为人类经济系统提供木材作为生产原料为例，木材既可以从自然形成的原始森林资源中获取，也可以从人类农业生产种植的人工林或多用途林中得到。而当木材作为建筑材料时其替代品就更为丰富，包括石材、砖块（土壤）、钢材等均可作为替代品，这时即使原始森林消失，仍被认为是可持续的。但对于濒危生物或舒适性资源，往往是独一无二的。为了维持福利的可持续性，就需要确保这一类资源处于可持续存在的水平上。这些效用上的分歧在社会中产生了在经济开发与存在性保护之间的巨大争议，特别是考虑后代的福利水平时，如果原始森林的生态功能和生物多样性无法寻求到替代品，那么为后代保护这些独一无二的舒适性资源显然非常必要。

一、消费过程中的效用可持续性

基于环境经济学本身对于环境物品的关注，在衡量个人消费物品获得的效用时，除包括个人从市场商品及服务中获得的可用货币衡量的经济价值代表的效用外，还应包括休闲等其他没有报酬的活动效用，特别是环境物品的效用。

图10-3中，横坐标代表环境物品e的数量，纵坐标表示除环境物品外的其他消费品ogs的综合数量。三条无差异曲线U_1、U_2和U_3中（$U_1 > U_2 > U_3$）和A、B、C、D、E、F等六种消费束组合方式中，对于同一无差异曲线上的A和B点来说，二者的效用评价是相同的，但A点包含了数量更多的环境物品。C和D点环境物品的消费数量均有增加，但由于位于不同的无差异曲线上，C处的总效用是降低的，D处的总效用则是增加的。

从消费过程中的效用可持续性角度来分析，消费品数量组合方式如果在t时期位于U_2线上的A点，到了$t+1$时期，消费品数量组合方式位于U_1和U_2曲线上的B、D、E、F等点时均被认为实现了可持续性，而位于U_3曲线上的C点时总效用降低，未实现可持

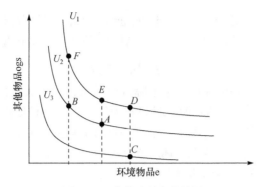

图 10-3　消费过程中的效用

续性。D 点和 E 点是在环境物品的消费数量并没有减少的前提下实现的总效用增长，称为强可持续性，反之，F 点和 B 点实现的是弱可持续性。很显然，保持强可持续性是更理想的状态。但现实中要保证包括清洁的空气、水和土壤，生态系统的每一项生态服务功能，每一种生物的存在价值等，众多的环境物品数量都不减少，这对于经济体来说是一个很高的要求。

　　此外，图 10-3 中平滑的无差异曲线形状隐含的假设条件是环境物品与其他物品之间存在的可替代关系，即当环境物品数量减少时，其他消费品的数量的增加可对环境物品数量的减少进行替代，如果其他消费品数量增加得足够多甚至总效用可能是增加的。但是物品之间的完全替代几乎是不可能的，对于舒适性资源，可能完全不存在可替代性。如图 10-4 所示，L 型的无差异曲线（$U_1 > U_2$）表示只有两种物品的数量同时增加才会增加总效用。C 点比 A 点其他消费品的数量更多，但由于环境物品无法替代而不能弥补环境物品的数量减少，其物品组合下的总效用是降低的。

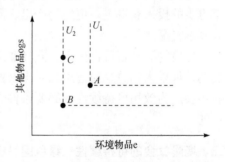

图 10-4　无替代条件下消费过程的效用

　　以上分析表明，效用的可持续性取决于人们对于环境物品和其他消费品之间的可替代性意愿。当人们愿意用其他消费品数量的增加来替代环境物品数量的损失时，那么可持续性就变得容易维持。

二、生产过程中的可持续性

　　不同时期人类生产的具体物品与服务有很大差异，维持或提高总体产量是可持续性在生产系统中的基本要求。当物品分成环境物品、其他物品及服务时，生产可持续性要求两种物品的数量都应是维持或增长的，即在生产过程中可持续性只有强可持续性，对于消费过程中可维持的弱可持续性来说，生产过程的可持续性要困难得多。

　　生产过程中要投入多种生产要素进行特定的活动才能得到相应的产出品。假设生产的投入品被归入资本 K 和劳动 L 两类因素，生产函数为

$$Q = f(K, L)$$

式中：Q 为产出量。资本可分为两类，即土地、能源及其他自然资源构成的自然资本（NK），设备、厂房等生产投入品构成的人造资本（AK），则生产函数模型变为

$$Q = f(\text{NK}, \text{AK}, L)$$

根据生产函数模型，要保证产出量不降低或增长，就要关注投入品的储量和存量。自然资本定义为"用于提供自然资源原材料和为经济生产过程提供环境服务"。在生产中投入的自然资本，无论其是否可再生、是否是物质消耗形式的利用，都会减少资源本身的储量，并对清洁的空气及饮用水等环境物品产生影响。通常来说，人类社会生产的数量越多，维持环境物品的可持续性越困难。

生产过程中投入品可以以不同数量的组合方式进行生产，等产量生产线描述的是同样产出水平下可能的投入品组合情况，即生产工艺中某种生产要素投入减少时可以通过增加其他生产要素的投入来维持产量。为尽可能维持环境物品的可持续生产，相同产出量下通过增加劳动力和人造资本的投入来减少自然资本的投入在现代被广泛应用。这个过程也可以看作是用人造资本和劳动力来对环境物品的再生产过程，即如果人类可以生产环境物品，那么环境物品的储量就得以维持。例如，在生产工艺中增加废水净化的设备和劳动力投入，循环利用净化后的工艺废水以达到提高水资源利用效率的目的。在这一类例子中，劳动力和人造资本增加了环境物品的数量，更直接的案例还有种植森林、改良土壤等经济活动。

在生产过程中维持可持续性，科技进步的影响是不可忽视的。科技进步使相同投入下获得更高的产出量，或者替换为并不稀缺的投入品来获得同样的产出量，或者同样甚至更少的投入获得更多更好的产出。同时，环境问题的解决首先需要科技进步提供前提和基本支撑。

环境物品是否可再生产，同样取决于人们的替代意愿。生产在很多情况下受需求的制约，如果人们总是愿意用相对丰富的物品代替相对稀缺的物品，那么生产的可持续性就不会成为效用可持续性的必要条件。但对于舒适性资源的环境物品，通常是无法再生产的。

三、衡量社会的可持续性：绿色国民经济核算

国民经济核算体系是在一定经济理论指导下，通过综合运用统计、会计和数学等方法，从数量上系统地反映国民经济运行状况及社会再生产过程中的生产、分配、交换、使用各个环节之间以及国民经济各部门之间的内在联系，为国民经济管理提供依据的宏观经济核算体系。目前国际上通用的核算体系是市场经济国家普遍采用的国民账户体系（SNA），其中主要的核算目标就是衡量经济体的总产出。一个国家（或地区）的所有产出称为国内生产总值（GDP），从国内生产总值去除固定资产折旧，即得到国内生产净值（GNP）。

以 GDP 或 GNP 为核心的国民经济核算体系并不完美，如家庭内的家务劳动并不会计入核算系统，家庭中的全职家务劳动者的贡献被忽略。而环境物品对经济的产出价值也没有被计算在内，这是 SNA 在近年来被批评较多的原因。一方面资源被开采利用的活

动被计入产出体系，但资源存量的减少则无法体现；另一方面环境污染和生态破坏在没有被市场化的现状下也没有被统计核算。由于以上这些缺陷，现行的 SNA 只为社会决策提供了并不全面的信息，从而导致资源利用和生态环境退化方面的一些不可持续的发展方式。修正 SNA 中的指标核算方法具有非常重要的现实意义，对于一个主要以消耗资源或污染环境的方式快速发展的经济体来说，这种修正更为重要。

以原有国民经济核算体系为基础，将资源和环境因素纳入其中，通过核算描述资源、环境与经济之间的关系，即新增了资源核算和环境核算的国民经济核算体系，通常称为绿色国民经济核算体系。绿色国民经济核算体系最重要的作用在于为可持续发展的分析、决策和评价提供依据。绿色国民经济核算相比于传统的国民经济核算是一个更为庞大的体系，核算范畴包括自然资源、生态环境等诸多方面。鉴于资源和生态环境问题中众多的非市场性难以量化的因素影响，目前绿色国民经济核算体系通常采用实物量和价值量相结合的综合核算技术体系。

绿色国民经济核算体系中存在许多不确定性。自然资源种类多而无法类比统计使核算体系极其庞杂，而环境污染和损失之间的定量关系研究还不能完全满足绿色国民经济核算要求、主客观结合的价值评估体系与 SNA 客观的市场价格为基础的核算体系的比较和调整、环境损失的滞后性、长期性和积累性在具体时期的环境损失量分割合理性、指导可持续性政策制定时总体趋势的全面判断是否不充分都在核算过程中产生极大的不确定性。

目前为了修正和补充 SNA，很多国家依据各自经济体的资源和生态环境特性进行了国民经济核算体系的实践，联合国建立的综合环境经济核算体系（SEEA）作为 SNA 的附属账户（又称卫星账户）。这一核算体系将资源耗减、环境保护和环境退化等问题纳入国民经济核算体系的概念、方法、分类和基本准则中，构建了综合环境经济核算的基本框架；旨在以环境调整的国民财富、国内生产总值、国内净产出和资本积累等宏观经济指标支持社会、经济和环境综合决策，是衡量可持续发展、为实施可持续发展战略提供信息支持的基本手段。

专题 25　可持续发展与代际公平

可持续性的最显著的特点在于关注未来，即当代人愿意为后代的福利牺牲一部分当前的效用。在可持续原则中，不可再生资源面临严峻的挑战：不论是否存在饥饿、疾病及其他危机，在最终一定会耗竭的资源使用过程中当代人是否应放弃对不可再生资源中的一部分的开发利用以保障后代的使用量水平？

约翰·哈特维克推导了实现"效用或消费"非下降的可持续性的条件，该条件以特定的储蓄准则为中心，该准则就称为哈特维克储蓄准则。哈特维克认为，将开发不可再生资源得到的收益（收入超过边际开采成本的部分）储蓄下来，再作为生产（物质性）资本投入，在这一条件下，产出和消费的水平在时间上将保持为常数。索洛也认为，可持续性状态旨在满足代际平等的相关准则。"消费在代际间非下降"这一条件常称为"哈特维克-索洛可持续性准则"。在该准则下，不可再生资源与实物资本两种投入之间必须以特殊的方式相互替代，即随着不可再生资源的减少而积累实物资本存量，不可再生资源的开采租金必须得到储蓄，然后完全以资本的形式积累。真实储蓄是指公共部门与私人部门的储蓄，减去公共部门与私人部门的资产折旧，加上用于教育的投资，再扣除不可再生与可再生资源的损耗、污染损失等。

以煤炭、石油、天然气等不可再生资源为例，当代人可以将从上述能源开采使用中获得的部分收益用于寻找替代的能源和生产原料，即投资未来的替代品来维持或提高人类的福利水平。但投资未来通常是以牺牲当前的消费为代价的，这仍然涉及代际公平问题。

总结和思考

在环境损害和污染治理的成本分担中，风险与不确定性结果在社会管制中是通过责任管制与保险的方式进行的。而在环境问题领域，责任管制方式是采用无过失责任还是过失责任管制方式在各国存在不同的实践方式。

同时，科学界和社会长期广泛关注：我们今天在环境问题中的行动和决策与经济增长的关系究竟如何、人类社会应该如何实现可持续发展……历史和发达国家的发展经验证实，部分环境问题会随着经济的增长和人们对生态环境质量需求的增长而被解决并不困难。但有一些环境问题则需要人类做出较大的行为方式的改变才能得到解决，这在今天看起来仍相当棘手，甚至还没有就问题本身和解决措施达成共识，就更难说采取行动。

在大多数经济学家眼里，人类的前途是光明的，人类社会总会做出正确的选择。

思　考　题

1. 什么是可持续发展？
2. 环境保护问题对市场经济体制产生了哪些影响？
3. 如何理解经济学及环境经济学中在消费和生产领域的可持续性问题？
4. 如何衡量一个经济体总体的可持续性发展水平？

参 考 文 献

彼得·伯克，格洛丽亚·赫尔方. 2013. 环境经济学. 吴江，贾蕾，译. 北京：中国人民大学出版社.

戴维·皮尔斯，杰瑞米·沃福德. 1996. 世界无末日：经济学·环境与可持续发展. 张世秋，等译. 北京：中国财政经济出版社.

胡运权. 2007. 运筹学教程. 3 版. 北京：清华大学出版社.

经济合作与发展组织. 1996. 贸易的环境影响. 丁德宇，唐春林，张光明，译. 北京：中国环境科学出版社.

李树仁. 1990. 运筹学主要分支及基本方法. 西安：西安电子科技大学出版社.

刘思华. 1997. 可持续发展经济学. 武汉：湖北人民出版社.

世界环境与发展委员会. 1997. 我们共同的未来. 王之佳，柯金良，等译. 长春：吉林人民出版社.

Tietenberg T. 2003. 环境与自然资源经济学. 5 版. 严旭阳，等译. 北京：经济科学出版社.

Neumayer E. 1999. Weak versus Strong Sustainability. London: Edward Elgar Publishing Limited.